Harmke Horst

Personenspürhunde im Einsatz und Training

Harmke Horst

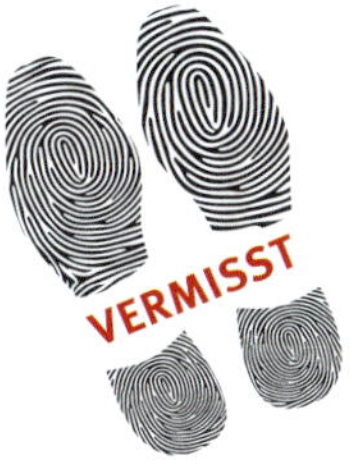

Faszination Mantrailing
PERSONENSPÜRHUNDE

2. Auflage

Oertel+Spörer

Bildnachweis
Susi Krug S. 6, 8
Alle anderen Fotos und Illustrationen von der Autorin

Haftungsausschluss
Die Hinweise in diesem Buch wurden von der Autorin sorgfältig recherchiert und geprüft. Es können jedoch keinerlei Garantien übernommen werden. Eine Haftung der Autorin bzw. des Verlags und seiner Beauftragten für Personen-, Sach- und Vermögensschäden ist ausgeschlossen.

Bibliografische Information der Deutschen Nationalbibliothek
Die Deutsche Nationalbibliothek verzeichnet diese Publikation in der Deutschen Nationalbibliografie; detaillierte bibliografische Daten sind im Internet über http://dnb.d-nb.de abrufbar.

2. Auflage 2025
Postfach 16 42 · 72706 Reutlingen

Lektorat: Dr. Gabriele Lehari
DTP und Repro: raff digital gmbh, Riederich
Druck und Einband: FINIDR, s.r.o., Tschechische Republik
ISBN 978-3-96555-103-9

Inhalt

Vorwort

Oft höre ich die Sätze: „Kann ich einmal bei deinen Einsätzen dabei sein?" Oder „Ich würde gern in die Ernstfallsuche gehen, aber mir fehlt einfach die Zeit. Trotzdem möchte ich meinen Hund bestmöglich ausbilden."

Ab und zu darf man ruhig experimentieren!

Aus dieser Intention heraus ist dieses Buch entstanden: Zum einen möchte ich einen Blick hinter die Kulissen der Ernstfallsuche ermöglichen und dabei natürlich auch aufzeigen, dass die Vermisstensuche und das dazugehörige aufwendige Training nicht immer ein Zuckerschlecken ist. Andererseits begeistert es jedoch die meiste Zeit sowohl Hund als auch Mensch, denn die Faszination für das Mantrailing ist ungebrochen und es ist und bleibt eine besonders artgerechte Auslastung der Hunde.

Einsätze als Trailer sind immer wieder Lernprozesse, die einen vor neue Herausforderungen stellen, welche man vielleicht so vorher noch nicht hatte. Im Anschluss kommen dann neue Ideen darüber zustande, welches Training notwendig sein wird, um beim nächsten Mal ein noch besseres Ergebnis zu erreichen.

Einsätze abzuarbeiten hat viel mit Erfahrung zu tun. Ich durfte viele davon sammeln. Diese Erkenntnisse sowie die Übungen und das Wissen dazu möchte ich mit diesem Buch gern an euch Leser weitergeben: Denn in jedem Einsatz geht es um Menschenleben.

In den letzten Jahren habe ich neben den mehr als 250 Real-Einsätzen viele Trailer-Teams – Hobby-Trailer genauso wie Personenspürhunde-Teams – coachen dürfen und viele Trail-Trainer ausgebildet. Dies hat mir die Möglichkeit gegeben, noch mehr Einblicke in das „Kleingedruckte" der Körpersprache von Mensch und Hund beim Trailen zu bekommen.

Meine beiden Einsatzhunde Tick und Esra sind mir immer eine sehr große Unterstützung. Sie kompensieren, wenn ich mal nicht so gut drauf bin. Sie zaubern mir mit ihrer Arbeit immer ein Lächeln ins Gesicht und erstaunen mich wieder und wieder damit, was sie im Stande sind zu leisten. Nie sind sie enttäuscht, wenn ein Einsatz abgebrochen wird, arbeiten auch scheinbar langweilige Szenarien ab und kämpfen sich durch schwierige Einsatzlagen mit höchster Motivation. Auch wenn sie noch nicht lesen können: Danke, ihr zwei!

Während der erste Teil des Buches theoretisches Fachwissen vermittelt, sind im zweiten Teil einige Übungen sowohl für Hobby- als auch Einsatz-Trailer zu finden. Ein paar der Übungen habe ich aus dem Bedarf heraus selbst entwickelt. Farblich abgehoben sind die Erzählungen aus meinen Einsätzen und somit auf den ersten Blick zu erkennen. Nach dem Motto: „Finden statt Suchen" wünsche ich euch nun viel Freude mit dem Buch.

HINWEIS

Berichte aus Einsätzen sind aus Datenschutzgründen bewusst so allgemein gehalten, dass sie keine Rückschlüsse auf Ort, Zeit oder Personen zulassen.

Lesbarkeit
*Für eine besseren Lesbarkeit wird auf die gleichzeitige Verwendung der Sprachformen männlich, weiblich und divers (m/w/d) sowie *innen in diesem Buch verzichtet. Sämtliche Personenbezeichnungen gelten gleichermaßen für alle Geschlechter.*

Übliche Abkürzungen in der Vermisstensuche

PSH = Personenspürhund
VP = Versteckperson
GA = Geruchsartikel
FH = Fährtenhund
LSP = Last Seen Point
MT = Mantrailer
VL = Verleitperson
FL = Flanker
LSH = Leichenspürhund

Vermisstensuche mit Personenspürhunden

Wie immer im Leben werden einem manche Dinge erst klarer, wenn man sich näher damit beschäftigt – so auch in der Vermisstensuche und in den damit verbundenen Einsätzen. Beispielsweise ist es genau definiert, wann man als vermisst gilt. Und kaum einer kann sich vorstellen, wie viel Bürokratie in der Einsatzarbeit steckt oder wie wenig bekannt die Arbeit von Personenspürhunden ist. Wie viele unterschiedliche Anforderungen es in Einsätzen gibt und wie facettenreich somit die Aufgaben für die Spezialhunde und ihre Hundeführer sind, wird in diesem ersten Kapitel erläutert.

Vermisste Menschen

Ab wann gilt eine Person in Deutschland eigentlich aus polizeilicher Sicht als vermisst? Dazu müssen laut Bundeskriminalamt (BKA) einige Voraussetzungen gegeben sein. Unterschieden wird dabei zusätzlich noch nach dem Alter des vermissten Menschen.

Schauen wir als Erstes auf einen Erwachsenen, der also volljährig ist. Hier müssen folgende Kriterien erfüllt sein, um eine vermisste Fahndung einzuleiten:

- Die Person muss ihren gewohnten Lebenskreis verlassen haben.
- Ihr derzeitiger Aufenthaltsort gilt als unbekannt.
- Eine Gefahr für Leib und Leben kann nicht ausgeschlossen werden.

Gründe dafür sind vielfältig: ein Unfall, Hilflosigkeit, Selbsttötungsabsicht oder man kann Opfer einer Straftat geworden sein. Hier lässt sich schon erkennen, wie schnell aus einer Vermisstenfahndung ein Delikt (Straftat) werden kann.

Minderjährige – also unter 18 Jahren – dürfen hingegen ihren Aufenthaltsort nicht selbst bestimmen. Deswegen wird bei ihnen grundsätzlich von einer Gefahr für Leib und Leben ausgegangen, wenn sie ihren gewohnten Lebenskreis verlassen und ihr Aufenthaltsort unbekannt ist. Sie gelten ab dann sofort als vermisst.

Grundsätzlich liegt es immer an der zuständigen Behörde, die Schilderung des Anzeigenerstatters einzuordnen und einzuschätzen. Bei Kindern oder unmittelbarer Gefahr für Leib und Leben kann daher direkt nach Eingang der Vermisstenmeldung eine großangelegte Suche eingeleitet werden. Zuständig ist in der Regel zuerst die Polizeidienststelle für die Region, in der die vermisste Person ihren Wohnsitz hat. Da die Manpower einer Dienststelle oft nicht für eine große Suche ausreicht, kann sie z. B. die Hundertschaft der Bereitschaftspolizei oder Bundespolizei, Hubschrauber mit Wärmebildkameras, die lokalen Rettungsdienste sowie Hilfsorganisationen mit Suchhunden dazu alarmieren.

 Warum ein Mensch vermisst wird, kann viele Gründe haben.

In meinen Einsätzen arbeite ich mit den Polizeibeamten der Dienststelle vor Ort, nachts häufiger auch mal mit dem Kriminaldauerdienst (KDD) oder mit der Kriminalpolizei. Letzteres erfolgt meistens dann, wenn die ersten Maßnahmen nicht erfolgreich waren und die Person schon länger vermisst wird. Die Kripo kommt immer dann ins Spiel, wenn bereits klar ist, dass es sich nicht um einen Vermisstenfall, sondern um ein Verbrechen handelt.

Täglich werden in Deutschland zwischen 200 bis 300 Fahndungen neu erfasst. Etwa die gleiche Anzahl wird wegen schneller Erledigung wieder gelöscht. Erfahrungsgemäß wird die Hälfte der Vermisstenfälle innerhalb einer Woche geklärt. Innerhalb eines Monats sind ca. 80 % aufgelöst. Nur 3 % dieser Menschen werden länger als ein Jahr vermisst. Der Anteil an männlichen vermissten Personen liegt bei zwei Drittel. Die Hälfte der Vermissten sind Kinder, etwa nach einem Streit, Liebeskummer oder Stress in der Schule.

Einsätze und Einsatzalarmierung

Volljährige Personen haben sowieso erst einmal das Recht, ohne jegliche Auskunft gegenüber Familienangehörigen oder Freunden zu verschwinden. Deswegen muss die Polizei beim Erhalt von Vermisstenanzeigen abwägen, ob es sich wirklich um eine mögliche Gefahr für Leib und Leben bei dieser Person handelt. Entscheiden die Beamten, einen Einsatz aufzumachen, und im Einsatz wird die Person gefunden, hat diese unter Umständen weiterhin das Recht nicht zuzustimmen, dass ihr Aufenthaltsort anderen bekannt gegeben wird.

Eine Alarmierung kann auf verschiedenen Wegen stattfinden. Dies hat sich im Laufe meiner Einsatzzeit auch verändert. Wurden früher Personenspürhunde über die jeweilige Dienststelle alarmiert, entscheidet dies derzeit in Hessen der Polizeiführer vom Dienst (PVD). Um mit seinem Personenspürhund alarmiert werden zu können, gibt es keine bundeseinheitliche Richtlinie. In manchen Bundesländern reicht eine bestandene Prüfung einer Hilfsorganisation, in anderen kommt noch eine polizeiliche Sichtung dazu. Im Ernstfall kommt dann die Alarmierung über einen „Piepser“ (bei Hilfsorganisationen) und/oder übers Handy per App oder es erfolgt ein Anruf an den jeweiligen Verantwortlichen der Rettungshundestaffel oder direkt an den Hundeführer. Ist man einsatzbereit, beginnt der PSH-Einsatz oder wird an ein verfügbares Team weitergegeben.

Einsätze – gerade im Vermisstenfall – kommen meistens dann, wenn man eigentlich keine Zeit hat, in dem Moment gar nicht damit rechnet und natürlich gern nachts mitten in der Tiefschlafphase.

Kommt die Nachricht von der Kripo „Wie sieht deine Abendplanung aus?", kann man sich sicher sein, dass sie nicht mit einem ins Kino gehen wollen. Oder es erfolgt ein Anruf von der Polizei: „Kann ein Trailer eigentlich auch bei Regen trailen?" Schaut man dann aus dem Fenster und es schüttet aus allen Wolken, ist klar, was das bedeutet. Aber es gibt natürlich ebenso die Frage: „Trailt der Hund auch im Dunkeln?" Mit einem leichten Schmunzeln antworte ich auf Letzteres: „Der Hund sucht doch mit der Nase und nicht mit den Augen." An diesen Fragen ist sehr gut erkennbar, wie unbekannt weiterhin die Arbeit von Personenspürhunden ist und dass wir da noch viel Aufklärungsarbeit leisten müssen.

Ich habe in Wohnungen und Häusern Geruchsartikel gesichert, von denen ich vorher nicht gewusst habe, dass Menschen so leben können oder müssen. Ich bin mit fremden Flüssigkeiten konfrontiert worden, die ich eigentlich weder sehen noch riechen möchte. Oft habe ich mit sehr verzweifelten Angehörigen gesprochen. Dabei muss jeder aufpassen, nichts zu versprechen, was vielleicht nicht eingehalten werden kann. Im Umfeld von Psychiatrien werden die Einsatzkräfte mit Situationen konfrontiert, die sie so vielleicht im privaten Bereich nicht erleben würden. Das reicht von fliegenden Aschenbechern über Zwangseinweisungen bis zu schreienden Menschen, die auf den ersten Blick deine Hilfe – wenn du sie gefunden hast – nicht wollen.

Nur ein richtig durchgeführter Start führt zur vermissten Person.

Auch der Tod ist immer gegenwärtig. In einem realen Einsatz muss man damit rechnen, die Person nicht mehr lebend zu finden. Oder die Person befindet sich in einem Zustand, der dem Tod näher als dem Leben ist. Deswegen sind Hundeführer zusätzlich in Erster Hilfe ausgebildet.

Die Gründe, warum Trailer-Teams für einen Einsatz alarmiert werden, sind wie schon oben beschrieben sehr vielfältig. Eins haben aber alle Einsätze in der Suche nach Vermissten gemeinsam: Es geht immer um das Leben des Menschen. Dieser Verantwortung sollte sich jeder bewusst sein und sich immer wieder vor Augen führen. Und es macht überhaupt nichts, ehrlich zu sagen, wenn man sich bei einer bestimmten Einsatzlage nicht wohlfühlt oder fachlich nicht weiterkommt.

Bei Vermisstenfällen fehlen im Gegensatz zu Delikten (z.B. bei Mord) erst einmal die offensichtlichen Spuren. Oft können sich die Familienangehörige gar nicht vorstellen, warum die Person verschwunden ist.

IM EINSATZ

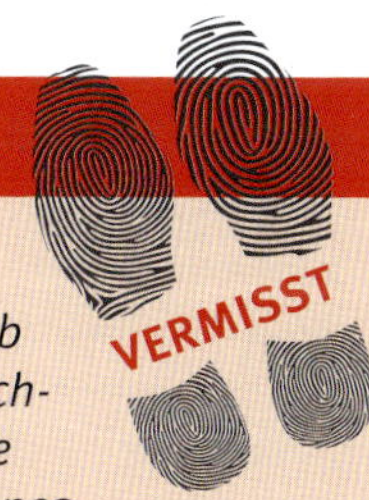

In einem meiner Einsätze war genau dies einmal der Fall: Ein Ehepaar hatte gerade den gemeinsamen Urlaub gebucht. Es hatte eine wunderschöne, liebevoll eingerichtete Wohnung. Der Ehemann war verschwunden. Für die Ehefrau kam, wenn überhaupt, nur ein Unfall ihres Mannes infrage. Anders konnte sie sich seine „Abwesenheit“ und sein „Sich-nicht-Melden“ nicht erklären. Unser Trail-Verlauf ging dann allerdings von Apotheke zu Apotheke. Bei den ersten beiden Apotheken gingen wir noch von Zufall aus. Als es aber immer mehr wurden, beschlich uns alle im Einsatz beteiligten Personen ein schlechtes Gefühl. Und tatsächlich – der Ehemann hatte sich in den unterschiedlichen Apotheken Tabletten besorgt, um seinem Leben ein Ende zu setzen. Im letzten Moment hat er sich selbst um Hilfe bemüht und konnte so gerettet werden.

Viele Einsätze haben mir gezeigt, dass sich die Geschehnisse während des Einsatzes ändern oder neue Informationen dazukommen, die es notwendig machen, die Taktik für einen Einsatz zu überdenken und gegebenenfalls anzupassen. Und sie zeigen immer wieder, wie vielfältig die Anforderungen an einen Personenspürhund sind. Dies ist ein weiterer Grund für die Zusammenstellung einsatzrelevanter Übungen in diesem Buch.

Last but not least: Nach dem Einsatz ist vor dem Einsatz. Stetiges Training und Nachbereitung von Einsätzen gehört in nicht geringem Umfang ebenfalls dazu. Das Fundament muss immer wieder überprüft werden: Geht der Hund nur beim Positiv? Nimmt er zuverlässig die frischeste Spur vom letzten gesehenen Punkt der Versteckperson? Und verfolgt er die richtige Richtung des Trails (frisch, frischer, am frischesten)?

Nicht jede vermisste Person ist freiwillig weg. Ist dies der Fall, kann aus dem Vermisstenfall auch ein Verbrechen werden. Und man befindet sich an einem Tatort.

Vermisst oder Verbrechen?

Jeder Einsatz, der als Vermisstenfall anfängt, kann rein theoretisch ein Verbrechen sein. Wenn beispielsweise die Person nicht freiwillig ihr Umfeld verlassen hat, kann es sich um eine Entführung handeln. Oder der Unfall ist gar kein Unfall, sondern ein Delikt. Das was auf den ersten Blick wie ein Suizid aussieht, war eigentlich ein Mord. Deswegen müssen die Einsatzkräfte in der Ernstfallsuche sich immer auch um die Eigensicherung kümmern und sich möglicher Gefahren bewusst sein. Und in bestimmten Fällen muss man einfach spurenschonend arbeiten, weil noch keiner weiß, was wirklich vorgefallen ist.

Wenn bereits bei der Alarmierung klar ist, dass es sich um ein mögliches Delikt handelt, ist die Arbeit bzw. die Aufgabe von Personenspürhunden meist eine andere als im Vermisstenfall. Bei Letzterem fehlt immer jemand und soll gefunden werden.

An Tatorten hingegen ist es oft eine Rekonstruktionsarbeit. Dabei soll z. B. versucht werden, den Fluchtweg zu rekonstruieren. Davon erhoffen sich die Ermittler, auf diesem Weg beispielsweise die Tatwaffe oder Munition zu finden. Oder der Trailer soll bestimmte Sichtungen oder Zeugenaussagen zu mutmaßlichen Tatverdächtigen überprüfen. Gibt es eine Spur von einem möglichen Abstellort vom Auto des mutmaßlichen Täters zum Tatort? Dies ist nur dann möglich zu überprüfen, wenn es eine andere Richtung ist als die letzte Spur weg vom Tatort, ansonsten kreuzt sich diese Spur mit einer frischeren, auf die der Hund dann wechselt.

Der Personenspürhund hat gelernt, immer die frischeste Spur vom Startpunkt zu suchen. Rekonstruktionsarbeit benötigt daher immer eine detailliertere Vorbereitung der Einsatztaktik als im Vermisstenfall. Meistens ist der Zeitfaktor beim Rekonstruieren nicht so kritisch, denn es geht nicht mehr um Leben oder Tod bzw. der mutmaßliche Tatverdächtige sitzt bereits in Untersuchungshaft und kann somit zu der Zeit der Suche keine neuen Spuren legen. Ob man als Zivilist ebenfalls bei Verbrechen seine Spürhunde einsetzt, muss jeder für sich selbst abwägen. Dies kann natürlich auch von Fall zu Fall neu entschieden werden.

IM EINSATZ

Ein Einsatz ist mir besonders in Erinnerung geblieben. Es war Sommer und zwischen zwei Feldern wurde eine ziemlich große Blutlache gefunden. In der Blutlache lag eine kaputte Lesebrille. Die erste Vermutung der ermittelnden Beamten: Bei einer Auseinandersetzung muss es zu einer Körperverletzung gekommen sein, bei dem mindestens eine Person viel Blut verloren hat und jetzt möglicherweise hilflos im Umfeld liegt. Die Brille ist vermutlich bei einem Schlag zerbrochen. Es lag eine Meldung einer vermissten Person vor. Da die Abfrage in den umliegenden Krankenhäusern kein Ergebnis brachte, sollten meine Hunde die hilflose Person suchen. Weil die Brille schon einige Personen in der Hand gehabt hatten, blieb nur das Blut als möglicher Geruchsträger übrig. Da der Kontaminationsgrad vollkommen unbekannt war, standen die Chancen allerdings mehr als schlecht. Dennoch bat ich die Beamten, vor Ort eine DNA-Probe aus der Blutlache zu nehmen. Schließlich könnte es mindestens um den Tatbestand Körperverletzung gehen.
Nachdem ich meinen Hund aus dem Auto geholt hatte und an der Blutlache ansetzen wollte, schleckte dieser an der Blutlache. Ein fast sicheres Zeichen dafür, dass es sich um tierisches Blut handelte. Denn mit menschlichem Blut macht er das nicht. Nachdem er mit dem Geruchsträger auch keine Anstalten machte, eine Spur aufzunehmen, mussten wir leider den Einsatz abrechen.
Als die Auflösung einige Zeit später kam, konnte ich mir ein leichtes Schmunzeln nicht verkneifen. Was war passiert? Ein Jäger hatte eine Wildsau geschossen. Beim Einladen des Tieres fiel ihm die Brille aus der Tasche und beim Rückwärtssetzen muss die Brille wohl kaputt gegangen sein.

Abfrageprotokoll

Egal ob der Hundeführer im Einsatz mit einem vorgefertigten Protokoll arbeitet oder die Abfrage mündlich macht, sollte es immer unter der Prämisse stattfinden, so wenig wie möglich, aber so viel wie nötig in Erfahrung zu bringen.

Denn zu viel Kopfkino ist immer schlecht. Während der Suche gilt dazu: „Nicht denken, sondern beobachten.“ Allein wenn ein Beamter hinter einem im Einsatz sagt: „Oh, hoffentlich geht es nicht dahin“, kann man sich überhaupt nicht davon frei machen, nicht darüber nachzudenken oder im schlechtesten Fall den Hund sogar zu beeinflussen.

Ein Foto der vermissten Person zu bekommen, ist immer sinnvoll.

Ein Foto gehört meistens ebenfalls zum Abfrageprotokoll. Trotz der heutigen medialen Mittel ist es aber oft so, dass Foto und Realität dann doch ziemlich voneinander abweichen.

Kommunikation mit der Polizei vor Ort ist daher absolut wichtig. Zum einen sind der Personenspürhund und die Möglichkeiten seiner Arbeit oft noch unbekannt. Und man muss eine gewisse – wenn auch kurz gehaltene – Aufklärungsarbeit leisten. Genauso wichtig ist es nichtsdestotrotz, zusätzlich die Grenzen eines Spezialhundes aufzuzeigen.

Trainings- und Einsatzdokumentation

Das Thema Dokumentation ist nicht das beliebteste unter den Trailern. Es ist aber enorm wichtig. Zum einen für eine Trainingsdokumentation, mit der der Hundeführer schnell feststellt, was er gern und was er nicht so gern trainiert. Es schützt somit auch vor einer gewissen Betriebsblindheit. Außerdem ist die Dokumentation oft als Nachweis für Prüfungen notwendig.

Aber auch die Einsatzdokumentation ist wichtig. Neben dem Trailverlauf – den man gut per GPS-App aufzeichnenden kann – gehört eine kurze Beschreibung des Einsatzverlaufes dazu. Hier werden unter anderem die Auswahl des Geruchsartikels sowie Besonderheiten oder Auffälligkeiten erwähnt. Mithilfe dieser Dokumentation kann zum einen die Polizei möglicherweise weitere Maßnahmen einleiten. Und zum anderen kann man als Hundeführer für sich den Einsatz nachbearbeiten.

Motivation

Einsätze zu laufen, bedeutet im Übrigen, sich sieben Tage und 24 Stunden dazu zu motivieren, seine Zeit mit der Personensuche zu verbringen. Wenn es im Einsatz gut läuft, ist das immer einfacher, als wenn es nicht so gut läuft. Die Hunde müssen ebenfalls eine hohe Eigenmotivation und eine große Frusttoleranz besitzen. Kurz gesagt, erkläre ich dies immer den Beamten damit: Wenn ich nachts um 3 Uhr zu einem Einsatz alarmiert werde, wir uns auf den Weg machen und der Einsatz auf der Anfahrt abgebrochen wird, erhalten die Einsatzhunde nicht den „Spaß“, den ich ihnen im Grunde bei der Abfahrt versprochen habe. Sind wir wieder zu Hause, kann ich schlecht den Nachbarn wecken, um diesen ersatzweise zu verstecken. Trotzdem müssen die Hunde bei der nächsten Anfahrt wieder genauso motiviert ins Auto steigen.

Die Eigenmotivation der Hunde bezieht sich außerdem noch darauf, dass sie für die Spur/den Trail suchen und nicht für die Person am Ende eines Trails. Denn dass das Team im Einsatz mit dem ersten Hund, der sucht, oder überhaupt irgendwann vor der vermissten Person steht, ist eher unwahrscheinlich. Oft ist unsere Suche nur richtungsweisend oder ergibt neue Erkenntnisse, mit denen weiterermittelt werden kann. Ein Beispiel hierfür ist das sogenannte „Negativ-Ende“. Das bedeutet, jemand ist in einen Bus oder eine Bahn eingestiegen. Für den Hund endet hier erst einmal die Spur, ohne vor der vermissten Person zu stehen. Dazu später mehr im Kapitel Negativtraining.

Einsätze sind nicht ausschließlich spektakulär, nicht immer Knobelaufgaben für den Trailer und können für den Hund eher langweilig sind. Oder das genaue Gegenteil ist der Fall: Der Einsatzhund muss sich an seine Grenzen kämpfen. In allen Fällen ist es besonders wichtig, im Anschluss dem Hund im Training Trails zu bieten, die ihm besonders Spaß machen und motivieren. Auch hier gibt es ganz unterschiedliche Hundetypen: Der eine will nochmal richtig knobeln, der andere vielleicht einfach nur einen leichten Trail um die nächste Ecke bekommen.

Eigenmotiviert die Spur zu finden, ist der beste Weg zur Versteckperson.

Faszination Mantrailing

Kurz gesagt ist Mantrailing das gemeinsame – Hund und Hundeführer – spurtreue (im Geruchsband) Verfolgen einer individuellen menschlichen Spur (VP = Versteckperson) anhand eines Geruchsartikels (GA).

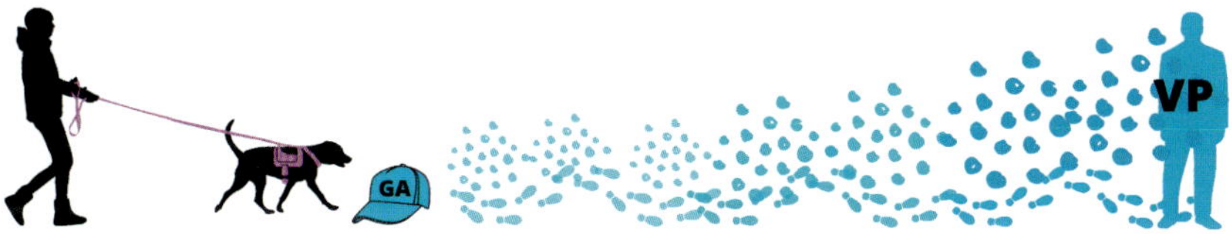

BEGRIFFSERKLÄRUNG

Mantrailer oder Personenspürhunde?
Oft werden die Begriffe Mantrailer und Personenspürhunde gleichbedeutend verwendet. Möchte man sie allerdings doch unterscheiden, werden Hobby-Trailer eher Mantrailer (MT) und Diensthunde – sowohl von Rettungshundestaffeln als auch von Behörden –, die in den Realeinsatz gehen, Personenspürhunde (PSH) genannt.

Mantrailing vs. Fährte

Beim Mantrailing sucht der Personenspürhund die Geruchsmoleküle in der Luft und am Boden auf eigentlich jedem Untergrund, draußen sowie im Gebäude. Dabei ist eine Unterscheidung zu vielen anderen Sucharten, dass er nach einem bestimmten Menschen und dessen Individualgeruch – von dem er am Start den Vergleichsgeruch erhalten hat – sucht. Der PSH kann sowohl frische als auch ältere Spuren finden.

Der Fährtenhund (FH) – der bei der Polizei meist bekannter als der PSH ist und oft mit diesem verwechselt wird – ist hingegen auf die Bodenverletzung von Wiese und Acker in der Suche beschränkt. Er sucht (ohne Vergleichsgeruch) die Spur von der letzten Person, die an dem Ort weggelaufen ist. Daher ist sein Einsatzgebiet eher der sogenannte erste Angriff bei erst sehr kurz verschwundenen Personen.

Lebend- und Totgeruch

Während wir Menschen lebend alle unterschiedlich riechen, riechen wir tot alle gleich. Dies kann aus verschiedenen Gründen im Einsatz zu Schwierigkeiten führen. Der Personenspürhund wird auf das Finden von Lebendgeruch ausgebildet. Dennoch kann es im Ernstfall vorkommen, dass er mit Leichengeruch konfrontiert wird, und zwar immer dann, wenn es sich um einen Totfund handelt. Der sogenannte Todpool breitet sich schnell und groß um den Leichnam aus. Das bedeutet, dass die Spur, der Individualgeruch und der Lebend-Endpool vom Todgeruch – vielleicht vorstellbar als riesengroße Pfütze – überdeckt wird. Dies ist dann der Bereich, der den Personenspürhund vor eine größere Herausforderung stellen kann, denn die Lebendspur, die er bis eben verfolgt hat, scheint beim Eintritt in den Todpool abzureißen. Viele beschreiben diesen Punkt wie gegen eine Wand laufen.

In Deutschland findet man die reine Leichensuche, die mit Leichenspürhunden durchgeführt wird, im Grunde genommen nur bei der Polizei. Das liegt zum einen daran, dass die gewerbliche Ausbildung von Leichenspürhunden so in der Form nicht erlaubt ist und es absolute Grenzen in der Beschaffung von „Trainingsmaterial“ gibt z. B. durch das Bestattungsgesetz. Leichenspürhunde (LSH) sind auf das Finden von Gasen, die bei der Zersetzung des Körpers entstehen, und Blut in den verschiedensten Stadien ausgebildet.

Dennoch ist es sinnvoll zu wissen, wie sein eigener Hund auf den Todgeruch reagiert. Denn von „da muss ich unbedingt hin“ bis zum absoluten Meideverhalten ist alles möglich. Ich habe meine Hunde tatsächlich in diesem Bereich zum allerersten Mal im Einsatz bei Totfunden erlebt. Da – wie beschrieben – die Trainingsmöglichkeiten sehr begrenzt sind, möchte ich an dieser Stelle nicht weiter auf das Thema eingehen.

„Das beste Gedächtnis hat bekanntlich die Nase!“
(Kurt Tucholsky)

IM EINSATZ

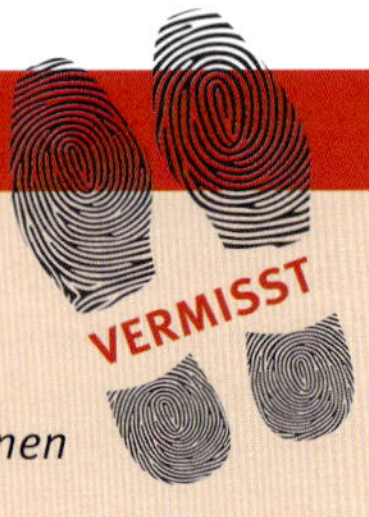

Apropos Gedächtnis: Oft kommt es in Einsätzen vor, dass wir im Streifenwagen mitfahren. Meine beiden Hunde lieben das. Die Autotür kann gar nicht schnell genug aufgehen und meine Hunde sitzen drin. Sie scheinen den besonderen Duft eines Streifenwagens mit ihrem Lieblingsspiel – Menschen suchen – eindeutig positiv verknüpft zu haben.

Individualgeruch Mensch

Wir Menschen riechen und das im sprichwörtlich doppelten Sinne: Wir nehmen Gerüche war und geben Düfte ab. Dabei ist der menschliche Körpergeruch nicht gleichzusetzen mit dem menschlichen Individualgeruch. Denn der Körpergeruch ist das, was wir hinlänglich mit „Ich kann dich gut riechen“ verbinden, der Individualgeruch hingegen ist für uns Menschen weder zu riechen noch anderweitig wahrzunehmen.

Hunde können diesen jedoch glücklicherweise erschnüffeln. Leider ist bis heute aus Sicht der Wissenschaft nicht endgültig geklärt, was die Hunde genau riechen und aus was sich der Individualgeruch detailliert zusammensetzt. Aber wir wissen, dass sie anhand dieses speziellen Duftes eine Spur auch kilometerlang und nach einer langen Zeit verfolgen können.

Welchen Duft wir haben, bestimmen unsere Gene. Bei der Partnerwahl suchen wir uns jemanden, der möglichst einen vollkommen anderen Geruch hat und damit sich in den Genen größtmöglich von uns unterscheidet.
Bei der Personensuche stellen wir immer wieder fest, dass es deswegen für den Hund nicht ganz so leicht ist, Verwandte zu differenzieren, im Vergleich zu Menschen, die nicht miteinander verwandt sind. Der genetisch veranlagte Geruch ist der Primärgeruch – dieser lässt sich nicht verändern.

Die Hundenase überrascht uns immer wieder.

Ein weiterer Bestandteil, der den menschlichen Geruch beeinflusst, ist der Sekundärgeruch. Er besteht grob gesagt aus unserer Kultur und unseren Lebensumständen: was wir essen, mit was wir uns reinigen und eincremen, ob wir Medikamente nehmen oder eine Erkrankung haben usw.

Der Einfluss von Medikamenten ist nicht zu unterschätzen. Besonders habe ich die Erfahrung bei gerinnungshemmenden Medikamenten, umgangssprachlich auch „Blutverdünner“ genannt, gemacht. Hat die vermisste Person so ein Medikament genommen, verhalten sich meine Hunde körpersprachlich so, als ob die Spur weitaus älter sei, als sie in Wirklichkeit ist.

Hunde sind sogenannte „Makrosmatiker“ und gelten als „Großriecher“. Zum einen ist beim Hund die Nase das Primärorgan und um ein Vielfaches besser ausgestattet als beispielsweise das menschliche Riechorgan. Was die Anzahl der Riechrezeptoren angeht, ist uns der Hund in der Anatomie folglich weit überlegen. Die olfaktorische Leistung der Hunde ist sensationell.
Dass und wie Hunde auf Emotionen des Menschen reagieren, ist sicher vielen bekannt. In der Suche mit Personenspürhunden ist daher oft ein Unterschied zwischen Menschen zu erkennen, die Angst und somit Angstschweiß oder Adrenalin ausstoßen, und Menschen, die erstmal augenscheinlich keinen Stress mit dem Vermisstwerden haben. Straftäter lassen sich daher im Grunde genommen „einfacher“ suchen als die meisten vermissten Personen.

Die Wissenschaft hat festgestellt, dass Hunde über ein Geruchsgedächtnis verfügen. Dies erkennen wir jedes Mal dann, wenn wir unseren Trailer einen bekannten menschlichen Geruch suchen lassen. Das Anriechen ist dann vermeintlich kürzer. Zu dem Thema „Anriechen“ und bekannte Gerüche gibt es in diesem Buch ebenfalls einige Übungen, wie z. B. die Uhrzeit-Kreuzung-Übung, die sich genau dieser Herausforderung widmet (dazu später mehr).

Hunde können die Richtung eines Geruchs erkennen. Nur so wissen sie, wie sie – grob gesagt – vom Start zum Ziel kommen. Dank des Stereo-Riechens können Hunde identifizieren, aus welcher Richtung der Geruch kommt. Sie können ihre Nasenlöcher zur Aufnahme von Geruch unabhängig voneinander bewegen, somit Gerüche noch schneller und besser identifizieren und einer Spur folgen.

Die Verhaltensforscherin Juliane Bräuner und ihre Kollegin Julia Bleger vom Max-Planck-Institut für Menschheitsgeschichte in Jena haben sich wissenschaftlich mit dem Thema „Hunde und Geruch“ beschäftigt. Sie haben herausgefunden, dass Hunde am Start einer Spur vor ihrem geistigen Auge sehen, was sie am Ende der Spur erwartet. Sie vergleichen es damit, wenn uns Menschen Kuchenduft in die Nase steigt. Dann haben wir sofort das Abbild eines leckeren Kuchens im Kopf.

IM EINSATZ

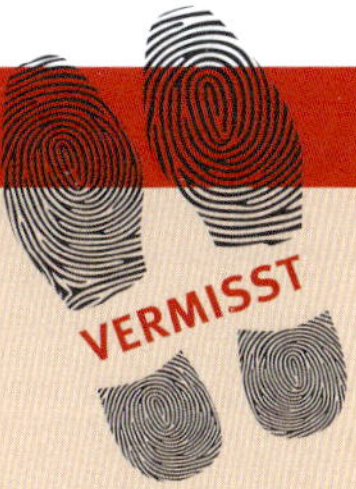

In einem Einsatz haben wir nach einem vermissten Banker gesucht. Durch ein Ganzkörperbild sowie die Beschreibung von Beruf und Alter hatten wir Menschen eine bestimmte visuelle Vorstellung von der vermissten Person vor Augen. Anscheinend aber hatten nicht nur wir diese Vorstellung, denn mein Einsatzhund hat, als wir an einen sehr belebten Ort, einem Hauptbahnhof, ankamen, nur Menschen bzw. in diesem Fall nur Männer mit genau diesem Phänotyp sowie Alter zum Abgleich gescannt. Er hat also überprüft, ob es sich um die zu suchende Person handeln könnte. Personen, die ein anderes Geschlecht, viel älter oder jünger oder vom Typ her eher „ungepflegt" waren, waren nicht von Interesse.

Du möchtest auch wissen, ob dein Hund beim Suchen einen bestimmten Phänotyp im Kopf hat? Dann wird die Übung „Differenzierung" dir hier weiterhelfen. Durch einen bestimmen Übungsaufbau kann man damit sehr gut beobachten, welche Personen/welchen Phänotyp der Hund überprüft und welche eher nicht. Den genauen Aufbau beschreibe ich später im Buch.

Die Hundenase ist einfach unschlagbar.

In der Forensik hat sich betreffend der DNA-Analyse seit dem 01.01.2020 in der Strafprozessordnung etwas geändert. Durfte bis zu diesem Datum nur das Geschlecht und genetische Identität einer Person festgestellt werden, dürfen nun auch Merkmale, die das Aussehen betreffen, analysiert werden. Mit einer DNA-Phänotypisierung können Aussagen über die Augen-, Haut- und Haarfarbe sowie das Alter gemacht werden, also in etwa die Informationen, die auch ein Personenspürhund scheinbar aus dem Geruchsartikel zieht.

IM EINSATZ

VERMISST

Der kulturelle Unterschied von Gerüchen ist im Übrigen nicht zu unterschätzen und muss gegebenenfalls trainiert werden. Ich habe einmal eine Trail-Vorführung für eine Reisegruppe von chinesischen Polizeibeatmen durchgeführt. Sie waren frisch aus China eingereist und alle noch nie in Deutschland gewesen. Und natürlich wollten sie sich selbst verstecken, ohne dass ich wusste, wohin sie gehen. Beim Anriechen des Geruchsartikels hat mich mein Hund fast schon ungläubig angeschaut. Anscheinend war ihm dieses Geruchsbild komplett neu. Trotzdem konnte er die Person finden.

Ähnliches ist mir in einem Einsatz passiert: Es wurde ein Transgender vermisst, der mitten in der Phase war, sein Geschlecht zu ändern. Wir waren noch nie so schnell und ohne jeglichen Zweifel des Abgangsortes, der auch noch ein Hauptbahnhof war, bei der vermissten Person angekommen. Es machte fast schon den Eindruck, dass sich diese Spur von allen anderen Spuren derart gut abhob und es so viel leichter für den Einsatzhund war, diese zu verfolgen.

Geruchsartikel – Geruchsträger

Meistes wird der Begriff „Geruchsartikel“ für den Gegenstand verwendet, mit dem der Hund den Individualgeruch der vermissten Person gereicht bekommt. Im Grunde trifft es den nicht so verbreiteten Begriff „Geruchsträger“ aber meiner Ansicht nach noch viel besser. Denn es gibt immer einen Stoff oder Behälter, der den Individualgeruch trägt, also einen Träger des Geruchs.

Schnell hat man im Training mit den zwei gängigen Beschaffenheiten des Geruchsartikels weich und hart zu tun. Flüssige Geruchsartikel sind eher selten, dafür kommen sie im realen Einsatz häufiger vor wie z. B. Blut bei Verkehrsunfällen.

Wie man den Geruchsartikel dem Hund reicht, ist auf unterschiedliche Art und Weise möglich. Im Training kann der Hundeführer ihn auch einmal lose in der Hand unter die Hundenase halten. In Einsätzen hingegen muss die Einsatzkraft sehr viel „sauberer" arbeiten. Der Geruchsartikel bzw. die Kopie davon muss in einer Tüte oder einem Glas sein. Wie eine Kopie erstellt wird, erkläre ich nachfolgend ebenfalls noch. An dieser Stelle sei gesagt, die Hundenase muss weder ganz in der Tüte noch im Glas verschwinden.

UNTERSCHIEDLICHE BESCHAFFENHEIT VON GERUCHSARTIKELN

Weich: z. B. T-Shirt, Mütze oder Halstuch
Hart: z. B. Schlüssel, Münze oder Stift
Flüssig: z. B. Wasser, Speichel oder Blut

Viele haben immer noch die Bilder im Kopf, bei denen der Hundeführer die Tüte komplett um die Hundenase hält und dabei fast luftdicht verschließt. Dies hat seinen Ursprung in der Gerichtsverwertbarkeit. Denn Trailer, die für spätere Gerichts-

Die Geruchsaufnahme bei flüssigen Geruchsartikeln ist spannend zu beobachten.

verfahren arbeiten, werden bei ihrer Tätigkeit gefilmt und der Richter und die anderen Prozessbeteiligten müssen später eindeutig erkennen können, an welchem Geruchsartikel der Spezialhund anriecht, und davon überzeugt sein, dass keine zusätzlichen Umweltgerüche (die der Hund dann vielleicht fälschlicherweise sucht) noch mit im Spiel sind. In der Vermisstensuche ist dieses Vorgehen in der Form nicht notwendig. Dennoch muss zum einen trotzdem absolut sauber gearbeitet werden. Dazu sollte man ein paar Dinge wissen und beachten.

Bereits im Training achte ich drauf, dass der Geruchsartikel (GA) der Versteckperson (VP) in einem Behältnis (Tüte oder Glas) von mir ist. Außerdem lernt der Hund, wenn Tüte und GA immer den gleichen Individualgeruch tragen, dass es reicht, dass er an der Tüte anriecht. Dies ist sehr fehleranfällig. Denn im Einsatz ist der Geruchsartikel dann plötzlich in einer anderen Tüte – wenn es ganz schlecht läuft, in einer Tüte des Kollegen. Zum anderen lernt der Hund, den Geruch immer und ausschließlich vom Geruchsartikel abzunehmen.

IM EINSATZ

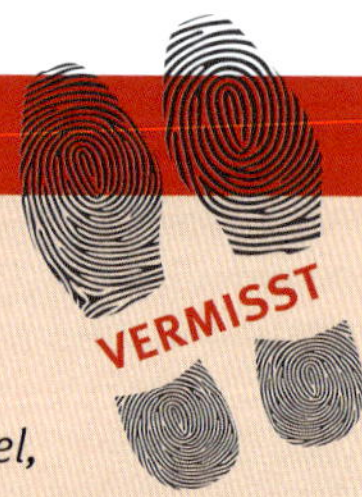

Ein Auto war verunfallt und verlassen am Straßenrand gefunden. Nach Recherchen der Polizei wurde das Auto nicht vom Besitzer oder einer befugten Person gefahren. Daher konnte kein eindeutig zuordenbarer Geruchsartikel, z. B. in einer Wohnung oder im PKW, genommen und verwendet werden. Denn es war nicht bekannt, wer das Fahrzeug gefahren hatte. Zwar stand hier auch eine Straftat im Raum – das unbefugte Fahren eines nicht im Eigentum befindlichen Fahrzeugs –, aber die Gefahr für Leib und Leben der verunfallten Person wurde bei diesem Tatbestand erstmal für den Einsatz von Personenspürhunden im Ehrenamt übergeordnet.
Es gab jede Menge Blut auf der Straße. Jedoch war hier der Grad der Kontamination – also der Verunreinigung durch anderen menschlichen Geruch – nicht bekannt. Deswegen habe ich mich für die Verwendung des Blutes vom entferntesten Punkt zur Straße entschieden. Denn auf der Straße war schon jede Menge frischerer Geruch verteilt worden von den Polizeibeamten, den Mitarbeitern für die Kriminaltechnischen Untersuchungen, des Abschleppdienstes, der Melder des Unfalls usw.
Das Blut habe ich mit ein wenig Flüssigkeit auf eine Gaze transferiert, um dann die Hunde daran riechen lassen zu können. Wir konnten die Spur zum Geruchsträger etwa 1,5 km verfolgen, haben dann allerdings die Spur verloren. Dies kann viele Gründe habe. Und wir konnten so auch nicht herausfinden, ob wir nach der richtigen Person gesucht haben. Auch so enden Einsätze oft: Die Ungewissheit bleibt.

An der Stelle kommen noch zwei unterschiedliche Geruchsarten ins Spiel: Hauptgeruch vs. frischester Geruch. Der Hauptgeruch ist beispielsweise ein Kleidungsstück; es trägt hauptsächlich oder im besten Fall nur den Individualgeruch von einer Person. Wird dieses Kleidungsstück nun von einer weiteren Person angefasst, ist dies der frischeste Geruch, der oben aufliegt. Das Kleidungstück ist somit kontaminiert. Was Kontaminieren genau bedeutet, wird später im Abschnitt zur Kontamination genauer erklärt.

Es kann in seltenen Fällen allerdings auch vorkommen, dass der Hund den vermeintlich geringer vorkommenden, frischeren Geruch suchen soll. Mögliche Szenarien sind, wenn es keinen anderen Geruchsträger gibt als beispielsweise etwas, was die Person zwar angefasst hat, ihr aber nicht gehört. Vorstellbar wäre ein Autositz, auf der eine Person gesessen hat, das Auto ihr aber nicht gehört. Wenn der Besitzer vom Auto (Gegenstand) zum Ausschluss vor Ort ist, kann der PSH am Autositz anriechen.
Ein anderes Beispiel wäre ein vermisstes Kind, was auf einem Jahrmarkt bei einem Elternteil auf dem Arm war und dann in der Menge verschwunden ist, und die Eltern keine weiteren Gegenstände des Kindes in greifbarer Nähe haben. In diesem Fall kann der Hund dann an dem Kleidungsstück des Elternteils anriechen.

Diese beiden Szenarien unterschieden sich nochmals darin, von was der Hund den frischesten Geruch abnehmen soll: Abnahme vom Individualgeruch (Elternteil) und Abnahme vom Gegenstand (Autositz). Hierzu gibt es ebenfalls die Beschreibung des Übungsaufbaus im weiteren Verlauf des Buches.

Gläser sind eine gute Aufbewahrungsmöglichkeit für Geruchsartikel.

Da der Geruchsartikel der Weg zur vermissten Person ist, ist es wichtig, dass dieser absolut positiv belegt ist. Daher gilt hier die Prämisse: Die Hundenase geht freudig zum Geruchsartikel und nicht der Geruchsartikel wird an die Nase gedrückt.

Geruchsartikel-Kopie erstellen

Die Kopie zu einem Geruchsartikel zu erstellen, kann man sich ähnlich vorstellen wie bei einem Kopierer, der ein Papier dupliziert. Die Kopie ist zwar nie so gut wie das Original, aber zeigt die Informationen ebenfalls. In Einsätzen wird aber aus mehreren Gründen mit Kopien gearbeitet. Zuallererst möchte man die Kontamination des Originals möglichst gering halten. Denn vielleicht ist es der/das letzte eindeutig der Person zuzuordnende Gegenstand oder Kleidungsstück. Außerdem weiß man zu Beginn des Einsatzes nicht, wie viele Teams mit dem Geruchsartikel arbeiten werden. Daher erstellt die Einsatzkraft gleich mehrere Kopien. Weiterhin hat eine Kopie noch praktische Gründe. Die Wundgaze, mit der man die Kopie erstellt, ist meist viel kleiner als das Original, um den Geruchsträger transportieren zu können. Gibt es beispielsweise nur ein Auto als Geruchsträger, passt das Fahrzeug schlecht komplett in die Tüte oder das Glas. Daher müssen Geruchs-Kopien erstellt werden.

Hier erhält der Hund eher einen Minimalgeruch.

GERUCHSARTIKEL-KOPIE-KOFFER

Zum Erstellen der Kopie benötigt man im Einsatz ein paar Grundutensilien – mehr geht immer:

- *Einweghandschuhe*
- *Zange*
- *Kugelschreiber*
- *sterile Gaze/Abstrichstäbchen*
- *Tüte/Glas*
- *Alufolie*
- *Flüssigkeit*

Für das Erstellen einer Geruchsartikel-Kopie gibt es zwei Möglichkeiten:

- Man kann die Gaze auf den Artikel legen, abdecken (mit Alufolie) und den Geruch wie einen guten Tee ziehen lassen.
- Oder man reibt den Geruch vom Original herunter.

Egal wie man vorgeht, man muss dabei auf den Eigenschutz (Handschuhe/Zange) achten und das Original möglichst wenig selbst kontaminieren. Ganz wichtig ist auch, die Tüte oder das Glas mit der Kopie ordentlich zu beschriften, damit weiterhin die Zuordnung gewährleistet ist.

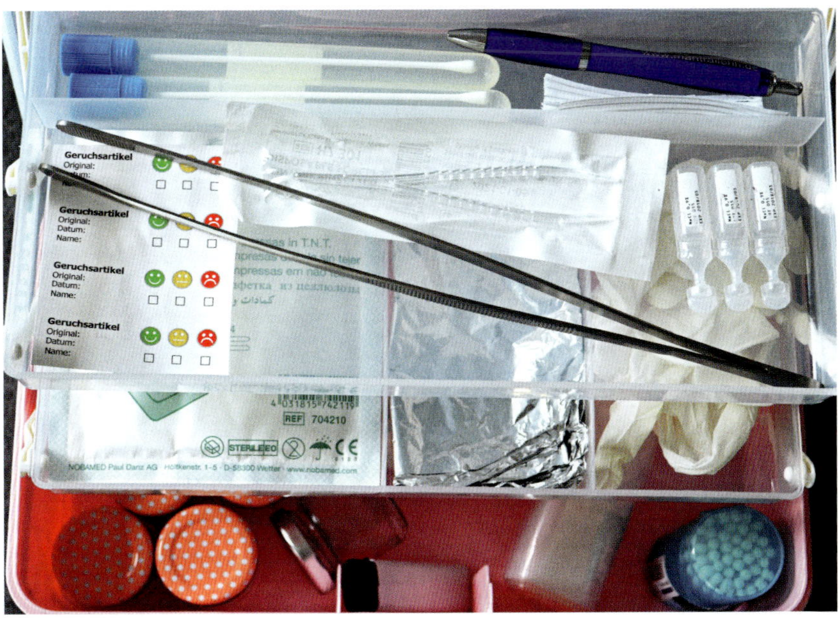

Der GA-Koffer muss immer einsatzbereit sein.

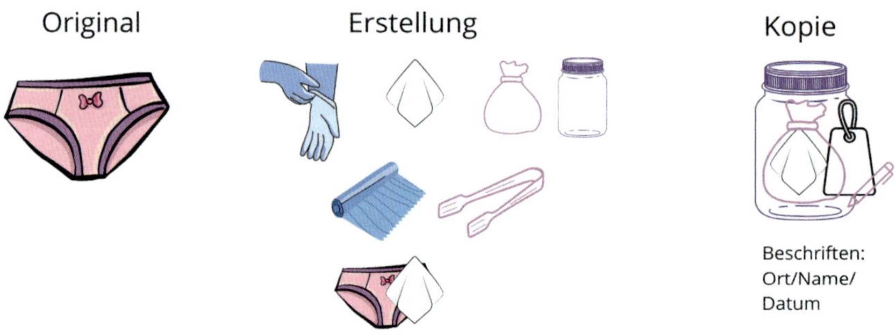

ANLEITUNG ZUM ERSTELLEN EINER GA-KOPIE:

1. *Handschuhe anziehen.*
2. *Benötigte Utensilien bereitlegen: Gaze, Alufolie, Tüte, Glas, Stift.*
3. *Das Original – wenn es ein Kleidungsstück ist – auf die linke Seite (Innenseite) drehen.*
4. *Gaze auflegen auf die Stelle, von der der Geruch abgenommen werden soll.*
5. *Alufolie darüberlegen.*
6. *Tüte/Glas beschriften (Name, Datum, Ort).*
7. *Geruch ziehen lassen (ca. 10 bis 20 Minuten).*
8. *Geruch erst in die Tüte und dann in ein Glas verpacken und dieses verschließen.*

Anstelle eines Abstrichstäbchens kann man im Training die preisgünstigeren Wattestäbchen benutzen.

Geruchsartikel mal anders

Trainieren sollte man mit einer möglichst großen Bandbreite von Geruchsartikeln, sowohl was die Beschaffenheit des „Trägers" betrifft – also auf welchem Artikel der Geruch präsentiert wird – als auch die Intensität des Individualgeruchs. Natürlich wähle ich im Einsatz ausschließlich den besten Geruchsträger, aber es kann immer sein, dass dieser auf einer Skala von 1 bis 10, wobei 10 perfekt ist, eher eine 1 bis 2 darstellt. Dieses kommuniziere ich gleich zu Beginn des Einsatzes. Denn so ein Geruchsträger ist lediglich ein Versuch, die vermisste Person zu finden, und die Chancen stehen natürlich viel geringer als bei einem Geruchs träger, der eine 10 impliziert. Natürlich ist der Geruchsträger nur ein Faktor für eine erfolgreiche Suche – aber eben ein entscheidender.

Beim Training kann das Team bei der Auswahl der Geruchsartikel ruhig kreativ sein. Gerade Geruchsartikel aus der Natur wie Tannenzapfen, Steine oder Blätter sind gut. Habt ihr schon einmal Kaffee oder Wasser als Geruchsträger ausprobiert? Neben „sauberen Geruchsträgern" sollten Trailer sich aber auch mit dem Thema Kontamination auseinandersetzen.

Der Geruchsartikel kann auch mal völlig unverpackt verwendet werden.

Kontamination

Kontamination ist generell die unerwünschte Verunreinigung von Flächen oder Gegenständen. Für unsere Arbeit heißt das, der Geruchsartikel trägt nicht nur den Individualgeruch von der zu suchenden Person. Dabei kann die Kontamination unterschiedlich ausfallen. Ein Geruchsartikel kann durch einen anderen Individualgeruch, also einer anderen Person (einfache Kontamination) oder von mehr als einer Person (mehrfache Kontamination), kontaminiert sein. Oder die Kontamination findet durch andere – nicht menschliche Gerüche – wie z. B. Waschmittel, Öl oder chemischen Dreck statt.

Um zu überprüfen, wie der eigene Hund mit kontaminierten Geruchsartikeln umgeht, muss dies gezielt im Training getestet werden. Man „verunreinigt" also bewusst einen Geruchsartikel, stellt die Personen, die den GA kontaminiert haben, mit an den Start und schaut, wie der Hund damit umgeht.

Der Geruchsartikel im Einsatz ist in der Auswahl deswegen so schwierig, weil einem oft die eindeutige Zugehörigkeit fehlt oder der Kontaminationsgrad nicht bekannt ist. Besonders in Wohnungen von alleinstehenden Personen kann man oft niemanden fragen, wem was gehört. Denn nur, weil die Person dort allein lebt, heißt es nicht, dass ihr alles auch gehört. Vielleicht war der Nachbar auf eine Zigarette zu Besuch und im Aschenbecher sind nicht alle Zigaretten der vermissten Person zuzuordnen. Oder das Date von letzter Nacht hat Kleidungsstücke zurückgelassen.

 Der Geruchsartikel wird durch drei weitere Individualgerüche bewusst kontaminiert.

Deswegen sollte man immer – wenn möglich, weil bekannt – die Verwandten/Partner/Mitbewohner am Start vor Ort haben, um sie ausschließen zu können. Das gilt ebenso für die Beamten, die den GA gesichert haben. Auch wenn sie beteuern, noch so sauber gearbeitet zu haben, können sie etwas kontaminiert haben.

Deswegen kann ich nicht einfach sagen, welches der beste Geruchsartikel im Einsatz ist. Da hat jeder Hundeführer seine Präferenzen. Meine Vorrangigkeiten liegen eindeutig bei Schuhen (Innenspitze vorne) und Unterhosen (am besten mit Bremsstreifen).

IM EINSATZ

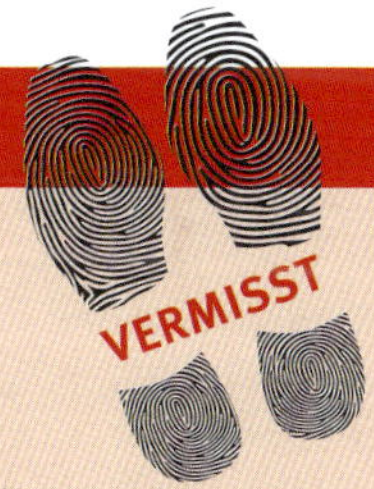

Und manchmal endet ein Einsatz auch beim Sichern des Geruchsartikels. Ich war in einem sehr, sehr großen Altenheim. Eine ältere Dame wurde vermisst. Während ich in ihrem Wohn- und Schlafzimmer mit einem Polizeibeamten stand, um nach einem Geruchsartikel Ausschau zu halten, hörten wir es im Badezimmer plätschern. Allerdings hörte man eindeutig, dass es ein Mann ist, der da Wasser ließ. Wir warteten, bis er fertig war. Es war tatsächlich ein Mann und damit nicht unsere abhanden gekommene ältere Dame, aber er wurde woanders bereits vermisst.
Nachdem ich einen Geruchsartikel der vermissten Dame gesichert hatte, stand ich noch kurz mit dem Beamten vor der Zimmertür. Ich fragte, ob mittlerweile das Gebäude fertig „durchsucht" wäre – natürlich meinerseits wissentlich, dass dies aus den verschiedensten Gründen nie zu 100 Prozent gelingt. Er bejahte dies. Aus irgendeinem Reflex griff ich hinter mich an die Türklinke. Die Tür war verschlossen. „Die verschlossenen Zimmer auch?", war meine nächste Frage. Die Antwort überraschte mich etwas: „Nein, da kann ja keiner reingehen." Nachdem ich bat, die Tür aufzuschließen, raunte uns die bis eben noch verschollene Dame an, warum wir sie wecken würden, schließlich müsste sie schlafen.

LSP – Last Seen Point

Im Englischen nennt sich der Punkt, an dem die vermisste Person zuletzt gesehen worden war, „Last Seen Point" abgekürzt mit LSP. So einen feststehenden Begriff mit Abkürzung gibt es im deutschen meines Wissens leider nicht.

Dennoch stellt sich auch hier bei jedem Einsatz die Frage: Wo wurde die Person das letzte Mal gesehen? Eigentlich eine simple Frage, die allerdings nicht immer so einfach zu beantworten ist, vor allem nicht in öffentlichen Einrichtungen wie Altenheimen oder Krankenhäusern. Gerade wenn die Person schon länger vermisst wird und es unter dem Personal mittlerweile einen Schichtwechsel gab, ist dies schwierig.

IM EINSATZ

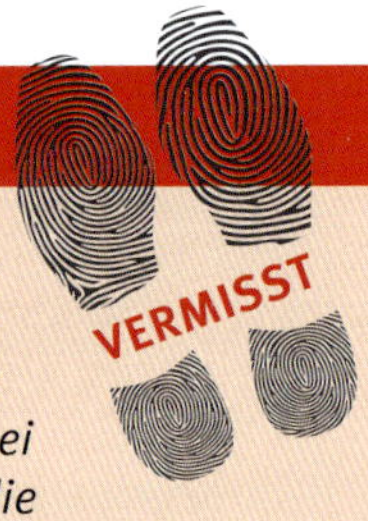

In einem Einsatz fragte ich die Dame an der Rezeption einer Psychiatrie, wo sie die vermisste Person das letzte Mal gesehen habe. Ihre Antwort kam wie aus der Pistole geschossen und sehr bestimmt: „Sie ist hier an mir vorbei durch den Haupteingang rausgegangen!“ Etwas leiser die Kollegin, die neben ihr saß: „Aber sie wird doch seit gestern vermisst, da hattest du doch frei.“ Dies zeigt, Menschen wollen in Ausnahmesituation helfen, aber eben leider nicht immer mit Bedacht.
Die klinische Leitung kam dazu. Sie mischte sich in das Gespräch ein. „Sie kann nur vorne raus. Dies ist die einzige Möglichkeit, das Gelände zu verlassen – das können Sie mir ruhig glauben.“ So kam ich also nicht weiter, denn ein Gebäude dieser Größe kann eigentlich nicht nur einen Ausgang bzw. keine weiteren Fluchtwege haben. Gott sei Dank war ein patenter Polizeibeamter dabei. Er sagte der Leitung prompt: „Schade, dass sie so wenig kooperativ sind. Es ist Gefahr in Verzug.“ (Es stand eine mögliche Selbstgefährdung im Raum.) Wir schauten uns das Gebäude selbst an. Dann kann der Hundeführer seinen Startpunkt danach selbst bestimmen. Und siehe da – natürlich gab es viele weitere Ausgänge und über die Cafeteria kam man in den Garten und mit einem Schritt über ein Bächlein war man auf der Rückseite des Gebäudes vom Gelände runter. Da bereits andere Teams vom Haupteingang aus gesucht hatten, entschloss ich mich auf der Rückseite anzufangen. Was in diesem Fall glücklicherweise von Erfolg gekrönt war. Wir konnten die Dame lebend finden.

Sehr beliebt ist auch die Antwort auf die Frage, wo die Personen überall rausgehen, können: „Sie geht immer da raus, zu 99 Prozent!“ Darauf kann man nur freundlich und erklärend antworten: „Ja, aber jetzt ist sie nicht mehr da und das kann unter anderem den Grund haben, dass jemand eben genau dieses eine Mal nicht da heraus ist, wo er sonst immer hinausgeht.“
Desweitern muss vor jedem Ansetzen des Personenspürhundes geklärt werden, ob das Gebäude durchsucht worden ist. Im Polizeijargon wird das gern als „Keller-Dach“ bezeichnet. Dies bedeutet, dass auch in den nicht so oft genutzten Räumen des Hauses nachgeschaut wurde.

Indoor – Outdoor

Während man im Training doch zu einem großen Anteil draußen, also outdoor trailt, ist in Einsätzen der Abgangsbereich oft in Gebäuden oder man trailt unterwegs durch Gebäude hindurch.
Daher sollte für Einsatztrailer ein größerer Fokus auf dem Indoor-Training liegen. Denn dort sind die Thermik und die Bodenbeschaffenheiten meistens ganz anders als draußen. Ich war bei Einsätzen nicht nur in Altenheimen sowie Krankenhäusern, sondern auch in Spielotheken, Kaufhäusern und anderen Gebäudekomplexen unterwegs.

Der Start

Der Start ist einer der größten Fehlerquellen im Mantrailing: Stimmt der Geruchsträger nicht, kann der Hund noch so gut sein – er hat keine Chance, den vermissten Menschen zu finden. Ähnliches gilt für den falsch gewählten Abgangsort. Hat der Hund von dort keine Chance, die letzte Spur der vermissten Person zu erreichen, kann er sie ebenfalls nicht oder nicht schnell genug finden.

Und letztendlich muss er zuverlässig die nachfolgenden Dinge können:
- Nur starten beim Positiv – nicht starten beim Negativ.
- Die frischeste Spur (letzter Weg der VP) verfolgen.
- Die richtige Richtung der Spur nehmen (frisch – frischer – am frischesten).

Immer die frischeste Spur.

Nur starten beim Positiv.
Nicht beim Negativ.

Richtige Richtung:
frisch | frischer | am frischesten

Natürlich spielt hier nicht nur die Ausbildung des Hundes eine entscheidende Rolle, sondern an der Stelle kommt natürlich ebenfalls der Faktor Mensch ins Spiel. Zum einen hat der Hundeführer die richtige Auswahl des Geruchsträgers treffen können und zum anderen die richtige Einsatztaktik (z. B. den wirklich letzten Abgangsort) gewählt.

Im Vermisstenfall spielt immer der Faktor Zeit eine große Rolle. Deswegen sollte man nicht zu viel Zeit verlieren. Es nützt aber alles nichts, wenn z. B. die Einsatztaktik unter der Eile leidet oder gar falsch ist.

Körpersprache Hund

„Man kann nicht nicht kommunizieren."
(Paul Watzlawick)

Körpersprache sind bewusste und unbewusste Äußerungen unseres menschlichen Körpers wie z. B. Mimik, Körperhaltung oder Gestik. Es ist eine Form der nonverbalen Kommunikation. Man kann faktisch mit der Sprache des Körpers nicht lügen.

Das beste Beispiel dafür ist der Unterschied direkt nach dem Anriechen beim Personenspürhund von einem positiven und einem negativen Geruchsartikel: Während direkt nach dem Anriechen eines positiven Geruchsartikels Spannung in seinen Körper kommt, ist der Körper beim negativen Geruchsartikel nahezu entspannt (mehr dazu weiter hinten im Kapitel Negativtraining).

Der Hund zeigt am Start beim Negativ keine Körperspannung.

Der Hund zeigt am Start beim Positiv Körperspannung und ein Eintauchen.

Auch wenn Hunde ihre Körpersprache in viele Fällen automatisch zeigen, können wir im Training durch sogenanntes Verhalten-Formen (Shapen) diese noch um einiges, beispielsweise mit einem verbalen Lob, verstärken. Dies bedeutet, dass der Hund uns seine Körpersprache noch deutlicher zeigt, weil wir ihn dann einfach besser und schneller lesen können.

Hunde sind wahre Meister darin, selbst winzige Gesten und Haltungen des Menschen zu erkennen. Sie sind uns im Lesen der „Körpersprache Mensch" um Längen voraus. Das kann ein Augenaufschlag sein, das Verziehen der Mundwinkel, oder sogar ein veränderter Atemrhythmus. Wenn uns im Training (Single Blind) beispielsweise durch den Begleiter (Ausleger) mitgeteilt wird, dass wir falsch sind oder eine Abbiegung überlaufen haben, teilen wir das unbewusst durch unsere Körpersprache mit.

Dafür, dass Hunde das so gut können, wird mir häufig im Training und im Gespräch über Körpersprache beim Trailen die Körpersprache des Menschen viel zu oft vernachlässigt. Macht euch eure Körpersprache in der Ausbildung positiv zunutze. Denkt mehr darüber nach. Und setzt sie bewusst ein.

Wie schon beschrieben ist Körpersprache eine Form der nonverbalen Kommunikation. Daher ist es für mich genauso ein Dialog wie ein verbales Gespräch. Mir scheint, dies ist nicht jedem so bewusst. Dabei wechselt die Rolle des Senders und Empfängers stets. Es geht um gegenseitiges Verstehen und darum, dieses Verstehen mitzuteilen. Teilt der Hund mir durch seine Körpersprache also etwas mit, ist es doch nur fair, hier mit einer Antwort darauf zu reagieren.

BEISPIEL

Der Hund zeigt ein weiches Negativ und kommt auf mich zu. Dann mache ich ihm den Weg frei, indem ich mich seitlich drehe und nicht frontal vor ihm stehen bleibe. Läuft er an mir vorbei, drehe ich mich mit. Hier ist immer ein sehr gutes Timing gefragt: Denn wer zuerst läuft, der entscheidet die Richtung.

Es ist ein Mittel, um ein Vertrauen dem Hund gegenüber zu zeigen. In der Form von „Ich sehe (weil nonverbale Kommunikation Sehen und nicht Hören ist) dir zu, ich habe deine Aussage verstanden und folge dir in eine andere Richtung, die du überprüfen möchtest". Deswegen ist Trailen für mich eine Form von Gespräch, von agieren und reagieren. Und klar spricht man zu Beginn vielleicht nicht immer die gleiche Sprache und es kommt häufiger zu Missverständnissen. Aber man lernt als Team, sich gegenseitig immer besser zu verstehen.

Als Trainer ist man für andere Trail-Teams in gewisser Form ein Übersetzer der Körpersprache des Hundes. Das Lesen von Körpersprache hat immer auch etwas mit Erfahrung zu tun. Deswegen möchte ich an dieser Stelle ein paar körpersprachliche Erklärungen mit an die Hand geben, die es euch zukünftig hoffentlich noch leichter machen, euren Hund zu lesen.

Betrachten wir den gesamten Hund, schauen wir darauf, ob Spannung im Körper (Geruch der Versteckperson in der Nase) oder überhaupt keine Spannung vorhanden ist (kein oder noch kein Geruch in der Nase). Für mich unterteile ich diese Unterschiede in verschiedene Farben:

Schwarz = Der Hund hat keine Spannung im gesamten Körper. Er kann keinen Geruch zur Versteckperson aufnehmen. Auch die Ohren, Rute usw. sind ohne Spannung.

Weiß = Der Hund hat Geruch von der Versteckperson und steht unter Spannung. Wie schauen die einzelnen Körperpartien aus? Ohren (Stehohren sind leichter zu lesen als Schlappohren), die Rute usw.

Grau = ist ein Mix aus Weiß und Schwarz. Der Hund kann Geruch zur Versteckperson aufnehmen, dieser ist aber älter als er bereits auf diesem Trail in der Nase hatte. Hier ist ein Verfolgen unsinnig, weil es bereits eine frischere Spur gab. Dies ist bei Sichtungen oder auch bei Bushaltestellen, an denen die VP eingestiegen ist, wichtig zu erkennen. Die Übungen dazu findet ihr später im Buch.

Rot = Gerade war der Geruch noch da und der Hund will ihn unbedingt wieder haben. Das sieht im ersten Augenblick oft leider aus wie „voll im Geruch“. Schaut man aber genauer hin, ist zwar der Hund unter Spannung, aber der Hundekopf ist meist viel zu hoch. Es gilt immer zu betrachten, was war, bevor sich die Körpersprache geändert hat, also war bis eben z. B. noch die Spur vorhanden.

Negativ (hart)	Positiv	Positiv Spur aber älter	Geruch verloren, aber wieder haben wollen

Die Hundekopf-Haltung ist ebenfalls ein wichtiger Indikator im Lesen der Körpersprache eines Trailers. Als Metapher wähle ich da gern den Delfin und das Dromedar: Taucht der Hundekopf oberhalb von seiner Rückenlinie auf, wie bei einem Delfin, hat er entweder den Geruch verloren oder der Hund ist abgelenkt, weil er z. B. nach einem Artgenossen schaut. In einigen Fällen kann ein Auftauchen auch der Versuch sein, über den Hochwind zum Ziel zu kommen. Oder der Hund befindet sich in einer Anhäufung von Gerüchen der VP, dem sogenannten Geruchspool. Dazu später noch Genaueres.
Taucht der Kopf nach unten ein und der Hund macht schon fast einen Buckel wie ein Dromedar, hat er den Geruch wieder aufgenommen und folgt der Spur. Dreht er eingetaucht den Kopf nach links oder rechts, sind das die ersten Anzeichen für einen möglichen bevorstehenden Richtungswechsel, was auch als „Blinken" bezeichnet wird.

Der Hund ist in das Geruchsband eingetaucht.

Ein Richtungswechsel steht an.

Hier zeigt der Hund ein weiches Negativ.

Hier ist der Hund „privat" unterwegs.

Dreht sich dann zusätzlich noch die Hundeschulter in die Richtung, in die der Hund „geblinkt“ hat, kommt es wohl tatsächlich zum Richtungswechsel. Ich als Hundeführer hinter dem Hund sehe also die rechte Schulter in meine Richtung drehen, wenn der Hund nach rechts abbiegen will.

Die Körpersprache des Hundes und seine „Eindeutigkeit“ unterliegen wiederum noch weiteren Faktoren: Handelt es sich um eine frische kurze Spur und an welcher Stelle des Trails befindet sich gerade das Team, also eher noch im Startbereich oder gar schon zum Ende hin (Stichwort Endpool)?

Wird eine eben noch deutliche Körpersprache des Hundes sehr schwach oder entfällt quasi fast ganz, kann es sich um einen Geruchsabriss handeln. Diesen kann manchmal nur gemeinsam das Team überwinden, indem es beispielsweise um die Ecke, eine Brücke oder ein offenes Feld im Pausenmodus weiter geht. Als Zeichen für den Hund wird er dabei vom Geschirr auf das Halsband umgeschnallt, ein Stück nach vorne gebracht und zur Überprüfung wieder angesetzt mit der Leine am Geschirr. Dazu muss er das Fundament „frisch – frischer – am frischesten“ weiterhin nach einer Pause absolut verinnerlicht haben. Kann er dort keinen Geruch aufnehmen, hat der Hund vermutlich schon vorher den Trail verloren.

Ist der Hund „privat“ unterwegs, verliert er meist die Körperspannung.

Weniger körperliche Zeichen können ferner immer die beginnende Müdigkeit, Konzentrationsverlust bzw. Suchmüdigkeit anzeigen. Dann ist es allerhöchste Zeit, eine Pause einzulegen.

Das Spuralter kann ebenfalls zu unterschiedlich starker Körpersprache führen. Ebenso scheint es für den Hund einen Unterschied zu machen, wie erfolgversprechend die Suche für ihn ist. Denn meine Beobachtungen sind: Je sicherer der Hund ist, eine vermisste Person im Einsatz erreichen zu können – obwohl man eigentlich noch weit entfernt ist –, desto klarer sind seine körperlichen Zeichen. Da muss aber jeder auf seinen Hund einen genaueren Blick werfen. Denn es gibt beispielsweise Trailer, deren körperliche Zeichen umso intensiver erscheinen, je mehr sie knobeln können.

Wie intensiv das Geruchsband ist, in dem sich der Trailer befindet, spielt meistens ebenfalls eine Rolle: je mehr Geruch, desto eindeutiger die Körpersprache. Trifft das Team unterwegs auf eine Geruchsanhäufung, folgt immer ein Zeitsprung, wenn sich der Hund herausgearbeitet hat. Oder der Hund zeigt generell einen Zeitsprung auf dem viel frischeren Teil durch eine noch intensivere Körpersprache.

Eingetauchter Kopf und Köperspannung vom Hund sind ein guter Indikator für das Geruchsband.

IM EINSATZ

In einem Einsatz stand die Vermutung im Raum, dass der Vermisste mit einem Fahrrad unterwegs sein könnte. Als wir aus dem Stadtteil herausgetrailt waren, kamen wir in einen Feld- und Wiesenbereich mit festen Wegstrukturen, langen Wegen und vielen Kreuzungen und hatten kaum die Möglichkeit, querfeldein zu gehen. Da wir bereits einige Kilometer hinter uns gebracht hatten, entschied ich mich für die Einsatztechnik „Kreuzungen abfahren“, da der Vermisste mit seinem Fahrrad eindeutig im Vorteil war. Das beutet, wir haben eine Kreuzung gearbeitet. Wenn in der Kreuzung die Richtung feststand, sind wir bis zur nächsten Kreuzung vorgefahren. So haben wir zwischen den Kreuzungen jeweils ca. 500 Meter Weg eingespart. Wir konnten effektiv nach und nach den Trailverlauf abarbeiten. Dennoch war die vermisste Person so weit entfernt von uns, dass wir sie nicht einholen konnten und somit nur richtungsweisend waren, was in Einsätzen oft der Fall ist.

Körpersprache Mensch

Wie schon beschrieben, kommt für mich die Betrachtung der Körpersprache des Menschen immer viel zu kurz. Denn auch sie hat viele Aspekte, die man im Training und später dann ebenfalls im Einsatz bedenken sollte.

Die eigene Körpersprache ist immer eine Reaktion auf die Körpersprache des Hundes. Stehe ich z.B. frontal zum Hund, muss dieser sich gegen mich durchsetzen, um an mir vorbeizukommen. Dies kann ich bei einem fortgeschrittenen Trailer zum Überprüfen sicher von Zeit zu Zeit nutzen. Zu Beginn der Ausbildung macht man aber eher den Weg frei.

Habe ich einen Hund, der sich gern mal ablenken lässt und weg vom Trail „privat“ schaut, dann macht es wenig Sinn, mich ebenfalls in diese Richtung zu drehen und mit dorthin zu gucken. Gleiches gilt im Übrigen für das „Einfahrten scannen“ (siehe auch weiter unten). Drehe ich mich jedes Mal in Richtung zur Haustür und versperre somit die „Ausfahrt“, wird der Hund mehr Zeit als nötig mit dem Scannen des Eingangs verbringen. Gebe ich dazu noch viel zu viel Leine raus, obwohl der Hund bereits aus dem Geruch aufgetaucht ist (Delfin), verbrauche ich unnötig viel Energie. An diesem Beispiel wird deutlich, dass das Leinenhandling ebenso eine Kommunikationsform mit dem Hund ist wie die nonverbale Körpersprache.

Kondition

Scherzhaft sage ich vor Beginn der Einsätze gern zu den Polizeibeamten, dass ich nebenbei auch Betriebssport anbiete. Da sich das Geruchsband des Individualgeruchs, was der Hund verfolgt, gerade, wenn die Spur nicht mehr so frisch ist, oft nicht mehr da liegt, wo die Person einmal gegangen ist, und der Einsatzhund gern aus dem Nichts über die Fahrbahn wechselt, werden wir im Einsatz durch Streifenwagen und einen oder mehrere Beamte zu Fuß begleitet und gesichert – gerade nachts oft mit Blaulicht und Horn. Auch hier müssen sich die Hunde gegebenenfalls an Töne/Geräusche, Helligkeit, blaues Licht gewöhnen.

Kondition benötigt das ganze Team.

Aber zurück zum Betriebssport. Trailen im Einsatz kann mit mehr Tempo versehen sein als im Training. Daher sind schon einige Beamte schön ins Schwitzen bekommen. Und da ich öfter auf die gleichen Beamten treffe, gibt es häufiger gleich zu Beginn den Satz zu hören: „Ich fahr, lauf du mit dem Trailer-Team mit."

Heißt aber natürlich auch, dass Einsatzteams für das Trailen in Einsätzen über eine gewisse Kondition verfügen müssen – sowohl der Hund als auch der Mensch. Zusätzlich trägt der Hundeführer die Verantwortung für seinen Hund und sollte sich weder über die physische noch über die Suchkondition hinwegsetzen. Pausen sind absolut notwendig – ebenfalls wenn es um eine große Zeitspanne geht. Die Gesundheit der Einsatzteams ist genauso wichtig.

Im Einsatz taucht oft die Frage auf: Wie lange kann der Personenspürhund am Stück arbeiten? Pauschal für Spürhunde im Allgemeinen heißt es etwa 20 bis 30 Minuten. So einfach kann man es aber nicht beziffern, denn da spielen viele verschiedene Faktoren eine Rolle: vom Spuralter, über die Wetterlage (15 bis 20 Grad und bewölkt oder leichter Nieselregen bevorzugen übrigens meine Hunde), Spurhäufigkeit (also häusliches Umfeld oder gibt es quasi nur eine Exklusivspur, weil die vermisste Person dort nur zu Besuch ist), wie ist der grundsätzliche Kontaminationsgrad von anderen Spuren (bin ich eher im ländlichen Bereich oder auf der Einkaufsmeile einer Großstadt), wie routiniert ist der Hund mit der Gesamt-Einsatzlage (typisches Geruchsbild oder eher etwas Ungewöhnliches) und sicher noch einige weitere Faktoren mehr.

Für den Einsatz ist es immer sinnvoll, Getränke für Mensch und Hund dabei zu haben, genauso wie einige schnelle Energiequellen wie beispielsweise Müsli-Riegel.

TIPP

Fruchtquatsch (ein Frucht-Püree im Quetschbeutel – eigentlich für Babys) ist der Energie-Booster für Hunde.

Einfahrten Scannen

Würde der Hund jede Einfahrt bis zur Haustür scannen, ist dieses sehr entfernungs- und konditionsintensiv.
Würde sich der Mensch jedes Mal körpersprachlich in die Richtung der Haustür mitdrehen, ist es ähnlich wie ein Auftrag: Scanne bis zur Tür. Wie auf dem Bild zu sehen, ist der Hund bereits mit einem Nasenhub in die Richtung der Tür fertig und der Kopf ist aufgetaucht.

Das gleiche gilt für die Leinenlänge. Wenn der Hund körpersprachlich zeigt, dass er die Türrichtung bereits ausgeschlossen hat – aufgetauchter Kopf –, würde ich den Auftrag im wahrsten Sinne des Wortes nur verlängern, wenn ich die Leine weiter rausgeben würde. Gebe ich noch mehr Leine, heißt es für den Hund: Geh noch weiter prüfen.

Der aufgetauchte Kopf zeigt, es reicht ein kurzer „Riecher“ in die Einfahrt.

Thermik und Wind

Glücklicherweise müssen wir Trailer uns nur ausführlich über Thermik und Wind Gedanken machen, wenn der Hund den Geruch verloren hat. Dennoch will ich das Thema zumindest kurz anreißen. Manchmal im Startbereich, wenn wir nicht exakt den Abgangsort wissen, macht es beispielsweise mehr Sinn, gebäudenah und nicht an einer offenen Fläche mit der Abgangssuche zu beginnen.

Thermik ist eine Form von Aufwind durch Sonneneinstrahlung, die den Boden aufwärmt. Wind entsteht primär durch Druckunterschiede. Dieser kann durch Sträucher und Mauern umgeleitet werden, wird durch Kanten gebrochen und folgt der Geländetopografie. Wind „gewinnt“ gegen Thermik. Luftströme suchen sich dabei immer den Weg des geringsten Widerstandes.

Anfassbare Seifenblasen platzen viel später als gewöhnliche Seifenblasen.

Anfassbare Seifenblasen zeigen eine mögliche Verteilung von Geruch.

Geruchsverteilung

Der menschliche Geruch breitet sich über Luftströme aus. Die Umgebung beeinflusst die Geruchsverteilung. Trifft dieser Geruch auf ein Hindernis, teilt sich der Geruch auf, vergleichbar mit Zigarettenrauch und den entstehenden Rauchfahnen. Geruchspartikel unterliegen physikalischen Grundgesetzen (z. B. Thermik oder Wind). Zeit spielt dabei auch eine Rolle, was bedeutet: Je älter der Geruch, desto weniger Geruch.

Ebenso wirken sich Hitze und Kälte unterschiedlich auf das Vorhandensein von Geruch aus. Meine Erfahrung zeigt, lieber minus 5 Grad als plus 30 Grad. Gerade bei großer Hitze scheint sich der Geruch – salopp gesagt – zu verstecken. Ist es abends wieder kühler, lässt es sich leichter suchen.

Luftströme können gut mit Seifenblasen, Puder oder Rauchhölzern ausprobiert werden.

Die Gesundheit von Mensch und Hund ist im Einsatz immer genauso wichtig wie das Auffinden der vermissten Person. Deswegen muss gerade bei großer Hitze genau abgewogen werden, ob ein Einsatz möglich und sinnvoll ist. Ist ein Kind seit Kurzem vermisst, kann man sich dafür entscheiden, zumindest zu versuchen einen Trail aufzunehmen. Ist jemand bereits seit Tagen vermisst, muss nicht in der Mittagshitze gesucht werden, sondern man kann die Suche gut

Mit so einem feinen Pulver lässt sich sehr gut die Windrichtung feststellen.

vertretbar auf abends verschieben. Zusätzlich ist neben der Grundhitze die Hitze des Asphalts nicht zu unterschätzen. Die empfindlichen Hundepfoten müssen da geschützt werden.

Das Verhalten der Person – gehen oder stehen – wirkt sich ebenfalls auf die Geruchsverteilung aus, Stichwort „Geruchspool“ (dazu später mehr).

Sicht- und Geruchskanten

Geruchskanten sind in der Suche fast permanent gegenwärtig. Beispielsweise kann in einer Kreuzung der Trailer erst nach den Geruchskanten endgültig entscheiden, ob ein Richtungswechsel ansteht oder nicht. Ein Geruchsabriss endet meist erst wieder an der nächsten Kante wie z. B. nach einer offenen Einfahrtsfläche an der nächsten Mauer.

Sichtkanten

Sicherheitskanten

Geruchskanten

Geruchskanten sind mit der Sicht- und Sicherheitskante eng verbunden. Stehen z. B. im Kreuzungsbereich Häuser, kommt man als Erstes an die Sichtkante – vorher kann man den Kreuzungsbereich nicht einsehen. Deswegen ist die Sichtkante gleichzeitig oft die Sicherheitskante.

Erst wenn ich die Kreuzung einsehen kann, kann ich mit Sicherheit den Hund beobachten und vor Gefahren bewahren. Nur wenn ich den Hund sehen kann, kann ich verstehen, was er mir körpersprachlich – hinter der Ecke – zeigen möchte.

Zeigt er dies schon, bevor ich ihn sehen kann, muss der Hund es noch ein zweites Mal zeigen. Das kostet zum einen überflüssige Energie. Zum anderen ist das Vertrauen gegenüber meiner Person umso mehr gestört, je häufiger das vorkommt. Das „nonverbale Gespräch“ läuft dann nicht mehr als ein flüssiger Dialog.

Ist der Bereich offener, kann die Körpersprache des Hundes undeutlicher werden.

Training eines Personenspürhundes

Das Training für einen Personenspürhund ist nie eine Einbahnstraße, sehr zeitaufwendig, manchmal nervenaufreibend, soll Freude bereiten und effektiv sein. Einer meiner größten Aha-Effekte in der Ausbildung ist immer wieder, dass Trailen nicht nur extrem viele Bestandteile hat, die man trainieren muss, sondern dass auch das Thema Wiederholen ganz wichtig ist. Denn beim Trailen hakt man die einzelnen Übungen nicht ab und sie sind damit erledigt, wenn man sie ein paar Mal gemacht hat, sondern man muss sie stets wieder auffrischen.

HINWEIS

Um die im Folgenden beschriebenen Übungen mit seinem Hund trainieren zu können, muss man nur einige Vorkenntnisse besitzen. Allerdings sollten die Basics fürs Mantrailing bekannt und die Konditionierungsphase des Hundes abgeschlossen sein.

Das Trailen kann man ganz unterschiedlich trainieren: grob gesagt, ob der Trailverlauf bekannt ist oder nicht. Jeder Modus hat seine Vor- und Nachteile. Ein Dogtrail (alle außer dem Hund kennen den Verlauf) schult uns Menschen im Lesen der Körpersprache des Hundes – birgt aber auch die Gefahr, den Hund in eine bestimmte Richtung zu schieben, weil der Hundeführer ja weiß, wo es langgeht. Wichtig ist, dass man die verschiedenen Vorgehensweisen wechselt. Der erste Einsatz ist dann noch einmal was ganz Besonderes – denn den kann man natürlich nicht vorab üben.

TRAININGSMODI (VORGEHENSWEISEN BEIM TRAINING)

Dogtrail
Alle außer dem Hund kennen den Trail-Verlauf.
Single Blind
Der Trainer/Flanker kennt den Trail-Verlauf.
Doppel Blind
Keiner vor Ort kennt den Trail-Verlauf. Im Anschluss kann der Trail-Verlauf aber durch die Nachfrage bei der VP nachvollzogen werden.
Einsatz
Keiner vor Ort kennt den Trail-Verlauf. Im Anschluss kann der Trail-Verlauf meist nicht oder nicht vollständig nachvollzogen werden.

Jede Übung sollte das Trail-Team in den ersten drei Modi trainieren.

Privatisieren

Hunde, die beim Trailen „privat“ – also ihren eigentlich Suchauftrag – unterbrechen oder parallel ausführen, sind nicht hundertprozentig auf die Verfolgung der Spur fokussiert, sondern schnüffeln beispielsweise an Urinflecken von Artgenossen.
Oft passiert dies gern dann, wenn z. B. der Hundeführer nicht konzentriert ist. Deswegen muss man fair gegenüber dem Hund bleiben und sich selbst ebenfalls unter Kontrolle haben. Oder der Hund ist nicht genügend motiviert, der Spur zu folgen. Letzteres muss genauer überprüft und die Motivation wieder hergestellt werden.

Grundsätzlich handhabe ich es so, dass ich versuche, unterwegs die Motivation wieder herzustellen, um der Spur zu folgen, und nicht zu schimpfen. Wenn ich merke, der Hund will den Trail verlassen, um z. B. hin zu einem Laternenpfahl schnüffeln zu gehen, dann gibt es die „Gelbe Karte“. Dies ist meinerseits ein bestimmtes Räuspern, was dem Hund mitteilt: „Ich sehe, was du vorhast.“ Verliert er dabei noch die Körpersprache („ich arbeite und habe Geruch“) lasse ich den Hund gar nicht erst zum Laternenpfahl hin. Und ich drehe mich körpersprachlich selbst weg vom Objekt der Begierde. War ich zu langsam oder der Hund zu geschickt und er klebt schon mit der Nase am Pfahl, erhält der Vierbeiner die „Rote Karte“. Ich greife ins Halsband und nehme ihn wortlos davon weg und motiviere ihn anschließend verbal, seine eigentliche Arbeit, also der Spur zu folgen, wieder aufzunehmen.

BEACHTE

Man sollte nicht die spannende Stelle für sich selbst beanspruchen, indem man sich z. B. selbst dorthin stellt. Das macht nur viel mehr einen Fokus darauf und es somit noch spannender für den Hund.

Das Geruchsband und unterschiedliche Trainingsphilosophien

Bevor es jetzt mit der Beschreibung der ersten Übungen los geht, möchte ich noch ein paar Worte zum Thema Geruchsband loswerden, was in gewisser Weise auch etwas mit den unterschiedlichen Ausbildungsphilosophien zu tun haben. Wie überall in der Ausbildung führen beim Trailen viele Wege nach Rom. Für mich gibt es ebenfalls nicht nur den einen Weg, sondern mir sind ein gutes Fundament und ein roter Faden in der Ausbildung wichtig.

Ich setze mich viel mit dem Thema Körpersprache auseinander und möchte den Hund bestmöglich lesen können, und zwar darüber hinaus, ob er sich im Geruchsband, also stark im Geruch, befindet oder nicht. Grundsätzlich (außer im Endpool) möchte ich, dass wir über den Spurverlauf – von alt zu frisch – und nicht über den Hochwind zum Ziel kommen. Oder der Hund lernt, nach langen „Durststrecken“ irgendwann wieder auf den Trail zu stoßen. Zusätzlich ist für mich Trailen eine absolute Teamarbeit, in der Vier- und Zweibeiner jeweils ihre Stärken einbringen und den Trail gemeinsam ausarbeiten.

Die Ausbildung hat sich in den letzten Jahren hinzukommend immer mehr entwickelt und ich rate jedem, über den Tellerrand zu schauen und verschiedene Wege zu betrachten. Denn zusammen sind wir noch stärker. Deswegen schaut, welche Übungen zu eurem Konzept passen. Nicht zuletzt haben jeder Hund und jeder Mensch unterschiedliche Stärken. Und nur weil es mein Hund vielleicht nicht lösen kann, kann es durchaus ein anderer. Außerdem haben wir gute und schlechte Tage. Das sollte man in jedem Training und jedem Einsatz im Hinterkopf behalten.

Es ist wichtig, die Körpersprache des Hundes richtig zu lesen.

Übungen – Körpersprache lesen lernen

Zum Lesenlernen der Körpersprache des Hundes empfiehlt sich zu Beginn, dies im Dogtrail-Modus zu trainieren. So kann sich der Hundeführer auf das Beobachten der Körpersprache konzentrieren und ist nicht damit beschäftigt zu überlegen, ob der Hund sich gerade richtig auf dem Trail befindet. Natürlich muss der Mensch die Körpersprache des Vierbeiners Schritt für Schritt später auch im Single sowie Doppel Blind richtig lesen lernen und umsetzen können.

Unterschiedliche Startrichtungen auf der Spur

Beim Starten in Startrichtung kann man sehr gut beobachten, wann der Hund körpersprachlich die Spur aufgenommen hat. Denn gerade am Start wird der Hund gern durch den Hundeführer „geschoben“, in dem dieser losgeht, bevor der Hund ins Geruchsband eingetaucht ist. So stimmt das Timing aber nicht. Sondern der Hund nimmt den Geruch vom Geruchsartikel auf und zeigt dies durch ein Eintauchen seines Kopfes nach unten. Erst dann geht der Mensch mit. Denn die goldene Regel lautet: Wer als Erster geht, der entscheidet die Richtung.

Eintauchen in das Geruchsband ist ein gutes Zeichen für die Spuraufnahme. Zusätzlich ist der Körper meist unter einer Art Gesamtspannung.

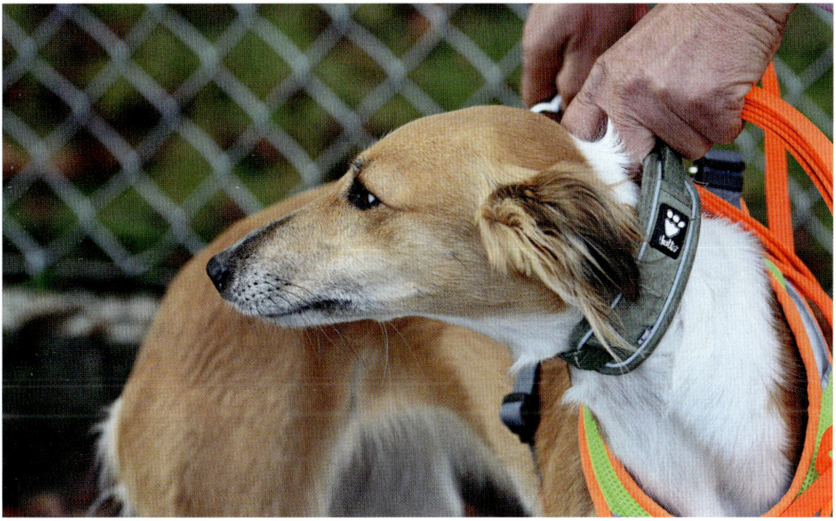

Start bei 180 Grad: Direkt nach dem Anriechen dreht sich der Kopf des Hundes in die Trail-Richtung.

Bei 180 Grad entgegengesetzt zur Spur anzusetzen, trainiert zum einen zu beobachten, wie der Hund meist direkt nach dem Anriechen seinen Kopf in Richtung Spur eindreht, und zum anderen, wie man als Mensch im Anschluss nicht im Weg steht, sondern den Weg frei macht. Zusätzlich ist das richtige Timing wichtig. Zuerst geht der Hund an einem vorbei – dies zeigt die Trail-Aufnahme an – und der Mensch folgt anschließend. Dies verhindert wieder ein sogenanntes „Schieben" durch den/die Hundeführer.

Bei 90 Grad zur Spur anzusetzen ist von großer Bedeutung, um die Körpersprache des Hundes zu verstehen. Denn im Gegensatz zum Kopfdrehen (der Kopf ist dann unterhalb der Rückenlinie), welches ein erstes Anzeichen für den nachfolgenden Richtungswechsel ist, zeigt hier der erste Kopfdreher (eher hoher Kopf) an, von wo die Spur kommt. Das Eintauchen (tiefer Kopf) in das Geruchsband erfolgt dann erst in Spurrichtung.

Unterschiedliche Startrichtungen – neben der Spur

Der nächste Schritt ist das Starten neben der Spur: Der Abstand zur Spur ist für mich mit maximal 1 bis 2 Leinenlängen definiert. Wäre das Trail-Team weiter weg, ist es nicht mehr ein Neben-der-Spur-Starten, sondern eine sogenannte Abgangssuche. Diese Übung zeigt sehr gut den Unterschied in der Körpersprache, wie der Hund am Rande des Geruchsbands ausschaut und wie es sich verändert, wenn der Hund in das Geruchsband eintritt. Zusätzlich kann man neben der Spur in Startrichtung, gegen die Startrichtung (180 Grad) und 90 Grad zur Spur trainieren.

In Startrichtung

Auf der Spur

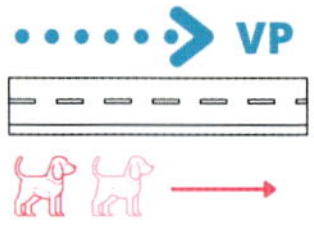

90 Grad

Zur Spur hin

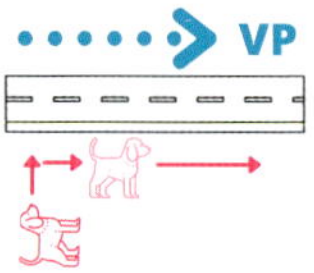

180 Grad

Auf der Spur gegen die Startrichtung

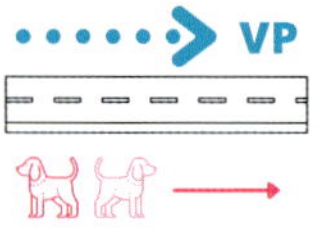

Unterschiedliche Startrichtungen – neben der Spur, auf der ein älterer Geruch liegt

Da es in Einsätzen oft zu vielen Spurüberlagerungen kommt und es nicht immer hundertprozentig klar ist, wo genau der letzte Abgangsort gewesen ist, kann mit dieser Übung gezeigt werden, dass der Hund, selbst wenn er direkt auf älterem Geruch steht, in 1 bis 2 Leinenlängen eine frischere Spur erreichen kann.

In Startrichtung

Auf der Spur

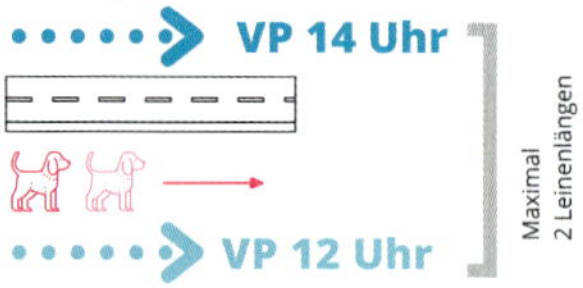

90 Grad

Zur Spur hin

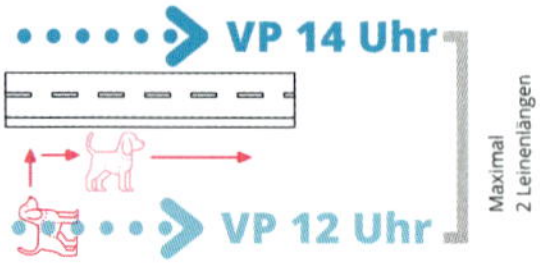

180 Grad

Auf der Spur gegen die Startrichtung

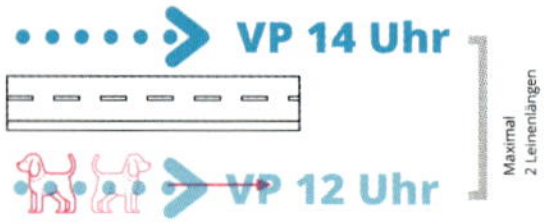

Backtrail

Der Backtrail – auch als „Hin-und-Zurück“ bezeichnet – bedeutet, dass zum Beispiel jemand in eine Sackgasse reinläuft und auf dem gleichen Weg wieder raus und auf den ursprünglichen Trail-Verlauf trifft. Da es in der Vermisstensuche um Zeit geht, trainiere ich die Hunde, dass sie die „Sackgassen-Strecke“ nicht laufen. Bei der Ausarbeitung sieht man körpersprachlich den gleichen Effekt wie beim 90-Grad-Starten. Der Hundekopf zeigt zuerst an, aus welcher Richtung die „Sackgassen-Strecke“ kommt, und er taucht dann auf dem weiteren Trail-Verlauf nach der Sackgasse wieder ein.

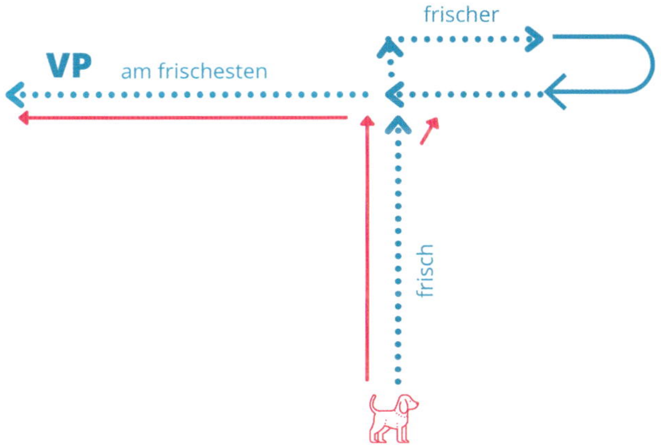

Straßen-Überquerung

Das Trainieren von Straßen-Überquerungen dient hauptsächlich zwei Dingen: Erstens werden Hund und Mensch aufmerksam gegenüber Richtungswechseln, die zu jeder Zeit kommen können, und zwar nicht nur in offensichtlichen Kreuzungsbereichen oder Abzweigungen. Zweitens ist es eben eine gute Möglichkeit, körpersprachliche Zeichen besser erkennen und lesen zu können. Denn bevor es zum Richtungswechsel kommt, zeig der Trailer beispielsweise eine Form von Unruhe. Er fängt an, ein wenig zu pendeln und/oder wird selbstständig langsam. Der Hund fordert Raum und Zeit zum Arbeiten ein: ein Zeitpunkt, in dem ich mich als Hundeführer ein wenig zurücknehmen sollte.

Körpersprachlich kann ich bei Nr. 1 sehen, wann er drüben wieder in den Geruch eintaucht. Bei Nr. 2 ist körpersprachlich kaum eine Veränderung zu erkennen, da sich der Hund ununterbrochen im Geruchsband befindet. Und bei Nr. 3 ist ein ähnlicher Effekt wie beim 90-Grad-Starten zu sehen. Der Hund bewegt den Kopf in die Richtung, aus welcher der Trail kommt, und taucht dann in die weitere Trail-Richtung ein.

Eine Straßenüberquerung bietet drei Möglichkeiten, wie sich der Hund verhält:

1

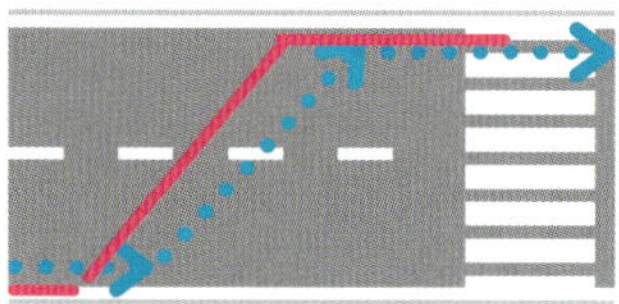

1. Der Hund wechselt die Straßenseite früh.

2

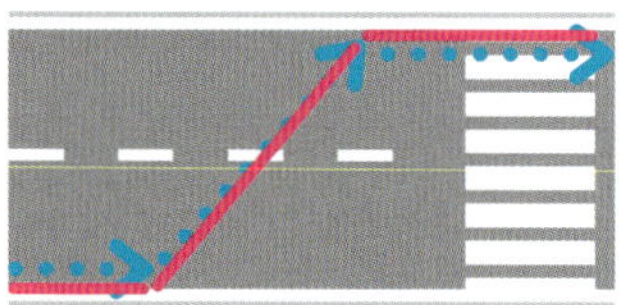

2. Der Hund wechselt genau im Geruchsband die Straßenseite.

3

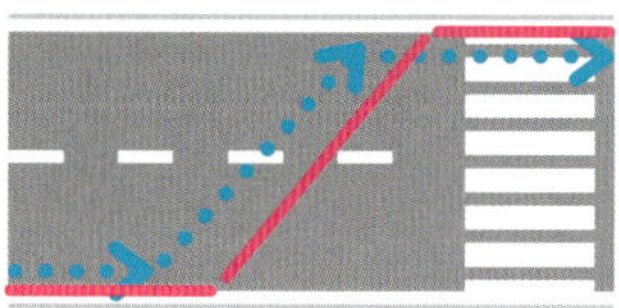

3. Der Hund wechselt erst die Straßenseite, wenn er den Geruch verloren hat.

Neben irgendwo kann die Überquerung ebenfalls direkt über den Zebrastreifen gelegt werden.

Negativtraining – wichtig für die Ernstfallsuche

Positiv heißt: Der Hund kann zu dem ihm gereichten Geruchsartikel eine Spur aufnehmen und dieser folgen. Die Person war an dem überprüften Ort.

Negativ heißt: Der Hund kann zu dem ihm gereichten Geruchsartikel keine Spur aufnehmen. Die Person war nicht an dem überprüften Ort. Oder der Geruchsträger ist nicht der richtige. Oder dieser eine Hund kann an dem Ort keine Spur aufnehmen. Dies kann unterschiedliche Gründe haben wie z. B., weil der Hund starken Schnupfen hat und somit in seiner Riechleistung eingeschränkt ist.

Es gibt viele Gründe dafür, das Negativ frühzeitig und regelmäßig zu trainieren: Der Hund ...

- wird aufmerksamer am Start.
- wird eindeutiger in der Körpersprache beim weichen Negativ.
- erhält die Möglichkeit, deutlich zu zeigen, wenn er den Geruch verloren hat. Das trägt enorm dazu bei, nicht auf sogenannte Ghost-Trails zu geraten.
- kann anzeigen, keinen Geruch zum gereichten Geruchsartikel an dieser Stelle zu diesem Zeitpunkt aufnehmen zu können.

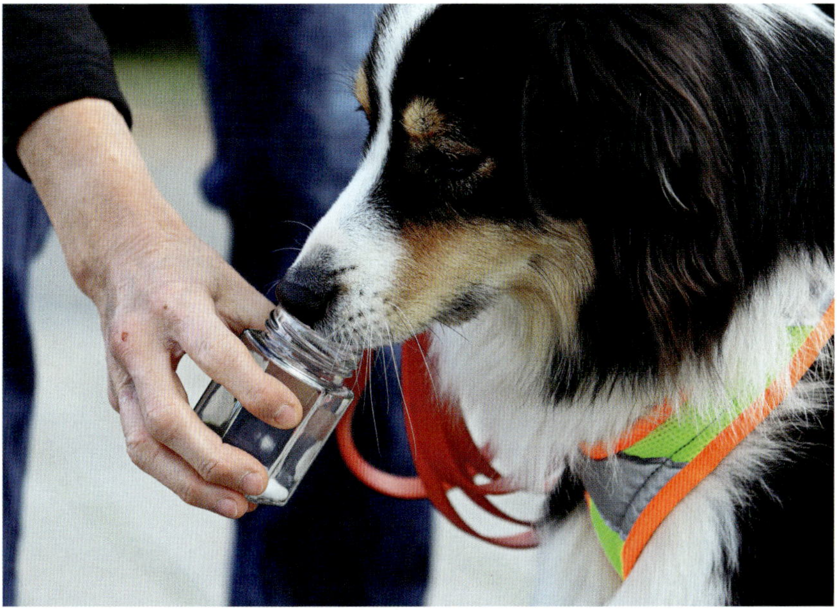

Abwechslungsreiche Geruchsartikel sind beim Negativ ebenfalls wichtig.

Geruchsartikel beim Negativtraining

Der Geruchsartikel muss eindeutig der Person zuzuordnen und dabei möglichst wenig bis gar nicht kontaminiert sein, vor allem nicht von Personen, die am Trainingsort bereits waren und somit dort Spuren gelegt haben. Es nicht immer ein Taschentuch oder Gaze. Einige Geruchsartikel aus der Natur bieten sich sehr gut an, wie z. B. Steine, Blätter oder Tannenzapfen sowie Stöckchen. Kurz gesagt: Beim Negativ-Training muss man noch sorgfältiger mit dem Geruchsträger arbeiten und umgehen als beim Positiv.

Wurde der Negativgeruchsartikel kontaminiert, muss diese Person am Start zum Ausschluss stehen.

Man unterscheidet drei Arten von Negativ:

- Weiches Negativ
- Hartes oder Start-Negativ
- Negativende

Weiches Negativ heißt:

Der Hund zeigt in eine Richtung einen Abbruch (kein Geruch mehr) und nimmt die Spur (den Geruch) in eine andere Richtung wieder auf. Bis eben hatte er aber noch Geruch.

Start-Negativ oder auch hartes Negativ heißt:

Der Hund zeigt in keine der Abgangsrichtung das Auffinden einer Spur an. Er schließt auch hier mit einer Anzeige das Ganze ab und drückt damit das Ende seiner Überprüfung aus.

Ein Abdrehen oder Querstellen zeigt oft ein weiches Negativ.

Die Übersprunghandlung Gähnen kann ebenfalls ein Negativ einleiten.

Negativende heißt:

Der Hund hat bis eben eine Spur aufnehmen und verfolgen können. Dann aber endet die Spur z. B. mit dem Einstieg der Person in einen Bus oder Zug.

 Ein Negativende an Bushaltestellen kommt im Einsatz häufig vor.

Trainingsstart

Wann starte ich mit dem Negativtraining? Der Trailer sollte fertig auf die „Positiv-Spur" konditioniert sein, also eindeutig den Zusammenhang zwischen den drei A – Anriechen (Geruchsartikel), Auf der Spur (Geruchsband) und Anzeigen (der Versteckperson) – verstanden haben und körpersprachlich zeigen. Ein sicheres Starten ist dabei ebenfalls Voraussetzung.

Startritual beim Negativ

Das Startritual beim Negativ muss identisch wie beim Positiv sein. Ansonsten erkennt der Hund am Ritual, ob es eine Spur gibt oder nicht. Im Einsatz weiß man vorab auch nicht, ob zu dem Geruchsartikel eine Spur vorhanden ist oder nicht.

Kratzen kann eine Übersprunghandlung sein, die auf ein Negativ hindeutet.

Das Startritual beim Negativ ist absolut identisch zum Positiv.

Übung Tüten- oder Gläser-Ziehen

Am realistischen zum Einsatz ist das sogenannte „Tüten- oder Gläser-Ziehen“. Man bereitet mehre Tüten oder Gläser mit Positiv- bzw. Negativgerüchen vor und der Hundeführer zieht den Geruchsartikel, mit dem er trainieren will, entweder im Single Blind oder Doppel Blind-Modus. Wichtig ist eine eindeutige Beschriftung der Behältnisse, ohne dass das trainierende Team Rückschlüsse auf den Geruchsartikel machen kann. Diese Methode wäre ebenfalls eine Möglichkeit festzustellen, ob das Team fit für den Einsatz ist.

Der Hundeführer zieht den Geruchsartikel, ohne zu wissen, ob es zu diesem eine Spur gibt oder nicht.

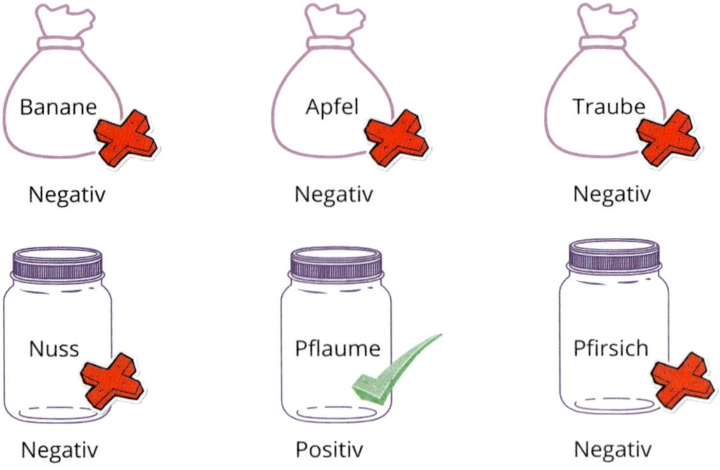

Negativ-Training-Frequenz

Wie häufig kann ich ein Negativ trainieren? Leider hat das Negativtraining immer noch einen, sagen wir einmal, sehr schlechten Ruf. Und es schwingt womöglich immer mit, dass Negativ mehr Frust als Lust ist. Trennt man sich aber von diesem Gedanken und trainiert das Negativ mit der gleichen Freude wie das Positiv, so ist es viel sinnvoller und einsatznäher. Denn rein theoretisch kann in jedem Einsatz ein Negativ mehrfach vorkommen, sowohl ein Negativende als auch ein Start-Negativ bei „falschen Sichtungen". Und wenn man dann das Training wie in den nachfolgenden Übungen beschrieben gestaltet, ist es auch weitaus variantenreicher.

Übung Sichtungen überprüfen

Gerade wenn Einsätze über einen längeren Zeitraum laufen und durch die Verbreitung der Suchmeldungen in sozialen Medien sowie im Radio, kommt es vermehrt zu Sichtungen durch die Bevölkerung. Stellt es sich heraus, dass eine Sichtung überprüfenswert ist, wird ein Team zur Überprüfung zu diesem Ort geschickt. Mit der Übung „In welcher Kreuzung war die VP?" kann man dieses Szenario sehr gut simulieren.

Übungsaufbau

Hier wird ein möglichst noch nicht oder nur sehr wenig durch die am Training teilnehmenden Personen kontaminiertes Gebiet benötigt. Ein Kreuzungsbereich, in dem die Versteckperson noch nie war, wird „sauber gelassen" und in oder durch die nächstgelegene Kreuzung – aber weit genug weg von der ersten Kreuzung – wird ein Trail mit mindestens danach noch folgenden zwei Entscheidungen gelegt. Man sagt beim Trailen „Entscheidung", weil Geradeauslaufen auch eine Entscheidung ist, nämlich gegen das Abbiegen.

Durchführung

Das Trailer-Team startet in der Negativ-Kreuzung. Hat der Hund die Kreuzung abgearbeitet und angezeigt, keinen Geruch aufnehmen zu können, wird er auf das Halsband umgeschnallt und zügig in die Positiv-Kreuzung gebracht. Dort wird er wieder auf das Geschirr umgeschnallt. Meine Hunde bekommen nicht noch einmal den Geruchsträger zum Anriechen gereicht. Denn solange sie das Geschirr tragen, merken sie sich den Geruch. Der Trail-Verlauf wird anschließend verfolgt und der Hund findet die Versteckperson.

Wird diese Übung das nächste Mal trainiert, kann man auch zwei Negativ-Kreuzungen abarbeiten, bevor man auf die Positiv-Kreuzung trifft.

Nebeneffekt: Beim Erreichen des Geruchs, also da wo der Trail beginnt und obwohl der Hund noch am Halsband ist, kann man bereits körpersprachliche Zeichen erkennen, wenn der Hund in der Positiv-Kreuzung nah am oder im Geruch angekommen ist, während er in der zweiten Negativ-Kreuzung keine Zeichen zeigt. Dieser Effekt kommt einem im Einsatz unter anderem beim Abfahren von Bushaltestellen sehr zugute. Außerdem trainiert es generell das Lesen der Körpersprache des Hundes und man erkennt, wann der Hund Geruch aufnehmen kann.

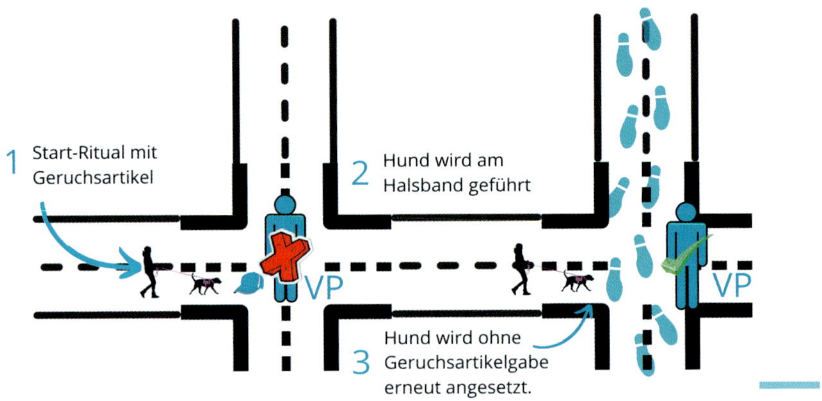

Die oben aufgeführte Übung ist besonders wichtig für Einsatztrailer! Denn nur, wenn der Hund lernt, dass es, selbst wenn er in einer Kreuzung keinen Geruch aufnehmen kann, es jederzeit möglich ist, an einem anderen Ort Geruch zu derselben Person zu finden, kann er im Einsatz wieder die richtige Spur aufnehmen.

Was passiert, wenn man immer nur ein hartes Negativ separat trainiert? Für den Trailer heißt es dann: Diese Menschen scheinen nicht zu existieren. Dieses kann dann in Einsätzen zu Irritationen und Schwierigkeiten führen.

Meist wird der Einfachhalt halber mit einer Gaze/einem Taschentuch als Geruchsträger trainiert. Dies sollte, wie bereits oben beschrieben, vermieden werden. Denn der Trailer soll bei jeder Art von Geruchsartikel überprüfen, ob es eine passende Spur dazu gibt oder nicht.

Übung BAC

Im Kapitel zur Körpersprache habe ich mein Farbschema zu Geruch, älterer Geruch und kein Geruch erläutert. Hier kommt nun der passende Übungsaufbau dazu.

Positiv-Geruch, frischer (weiß)
Positiv-Geruch, aber älter (grau)

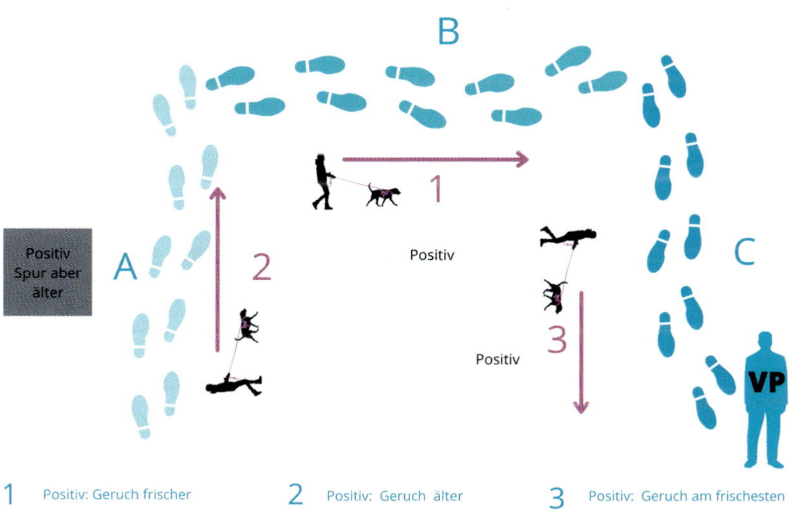

Trainiert man diese Übung das erste Mal, ist es sinnvoll, sich vorab eine Skizze zu machen, wie der Trail in seinem Trainingsgebiet am besten ausgelegt und unterteilt werden kann. Denn die einzelnen Abschnitte einzuhalten, ist hier besonders wichtig.

Man legt einen Trail aus und unterteilt diesen in drei Teile: A-B-C
Jeder Abschnitt sollte mindestens 100 m betragen, am besten in eckiger U-Form mit Gebäuden/Häusern dazwischen, damit kein Hochwind einem einen Strich durch den Übungsaufbau machen kann. Denn während man von einem Überprüfungspunkt zum anderen läuft, sollte das Team dabei am besten nicht auf der Spur hin und her laufen.

Die Übung beginnt auf dem Abschnitt B. Dort wird der Hund gestartet und man lässt ihn ein wenig auf dem Trail laufen (Farbschema: weiß). Dann hält man den Hund mit seinem Pause-Wort an und schnallt unverzüglich die Leine vom Geschirr aufs Halsband um. Anschließend wird der Hund an kurzgeführter Leine zu Abschnitt A gebracht.

Hier wird die Leine wieder am Geschirr befestigt. Dieser Teil des Trails beinhaltet zwar Geruch (positiv) der VP, aber dieser Geruch ist älter und würde somit im Einsatz nicht den schnellen gewünschten Erfolg bringen. Hier zeigt der Hund körpersprachlich zwar, dass er Geruch aufnehmen kann, aber verfolgt die Spur nicht, weil er bereits etwas Frischeres in der Nase hatte (Farbschema: grau) und zeigt eine Negativanzeige. Der Hund wird verbal gelobt. Umgehend wird er wieder auf das Halsband umgeschnallt und zu Abschnitt C an kurz gehaltener Leine geführt.

Angekommen bei Abschnitt C ist es besonders wichtig, dass man nicht aus Versehen auf einem Teil beginnt, den der Hund bereits gearbeitet hat. Denn dann würde er ja wieder ein „grau" zeigen. An der richtigen Stelle angesetzt wird der Hund erneut vom Halsband aufs Geschirr umgeschnallt. Dort nimmt er wieder die Spur auf, da dieser Geruch frischer ist als alles, was er bis jetzt in der Nase hatte. Für die Spuraufnahme des Positivs (Farbschema: weiß) erhält der Hund ein verbales Lob. Der Hund folgt dem Trail-Verlauf, entweder bei einer frisch ausgelegten Spur, bis er bei der Versteckperson ankommt, oder bei einer älteren Spur ohne Versteckperson mit einer Spurherausnahme. Letzteres ist wieder etwas „einsatznäher", da man im Einsatz eher nicht eine frische Spur sucht, sondern eine ältere, bei der bereits einige Zeit vergangen ist.

Übrigens trainiere ich diese Aufgabe ebenfalls mit meinen Hobby-Trailern. Die können das genauso gut wie Einsatztrailer.

Bei den BAC-Übungen wird der Hund immer wieder umgeschnallt.

Übung BAC plus X

Die Übung BAC plus X ist – wie der Name schon verrät – genauso aufgebaut wie die Übung BAC ohne X und wird nur zusätzlich durch ein hartes Negativ (X) erweitert. Daher benötigen wir hier ein Trainingsgebiet, in der die VP noch nicht in allen Straßen war. Es wird wieder ein Trail ausgelegt, in die drei Abschnitte A, B und C eingeteilt und zusätzlich ein X eingezeichnet in einem Bereich, wo „Nix" ist – also kein Geruch der Versteckperson.

Das Team startet auf Abschnitt B, trailt einige Meter, bis der Hund zuverlässig körpersprachliche Zeichen für eine positiv Spur (weiß) zeigt. Dann wird der Trailer in den Pausen-Modus versetzt (umgeschnallt aufs Halsband) und zu Abschnitt X gebracht.

Auf Abschnitt X ist kein Geruch vorhanden, der Hund (wieder am Geschirr) zeigt folglich keine Zeichen für die Aufnahme der Spur und schließt hier mit einer Negativ -Anzeige ab. Es folgt wieder eine Pause. Danach erfolgt das Umschnallen aufs Halsband und ein gemeinsamer zügiger Gang zu Abschnitt A.

Bei Abschnitt A (wieder am Geschirr) zeigt der Hund zwar Geruch an, aber einen älteren als er bei B bereits in der Nase hatte. Dennoch benötigt er für diesen Zeitvergleich (Farbschema: grau) unter Umständen länger als für das reine harte Negativ ohne jeglichen Geruch. Diese Übung zeigt demnach dem Team auch, wann der Hund mehr oder weniger Zeit und Raum zum Arbeiten benötigt.

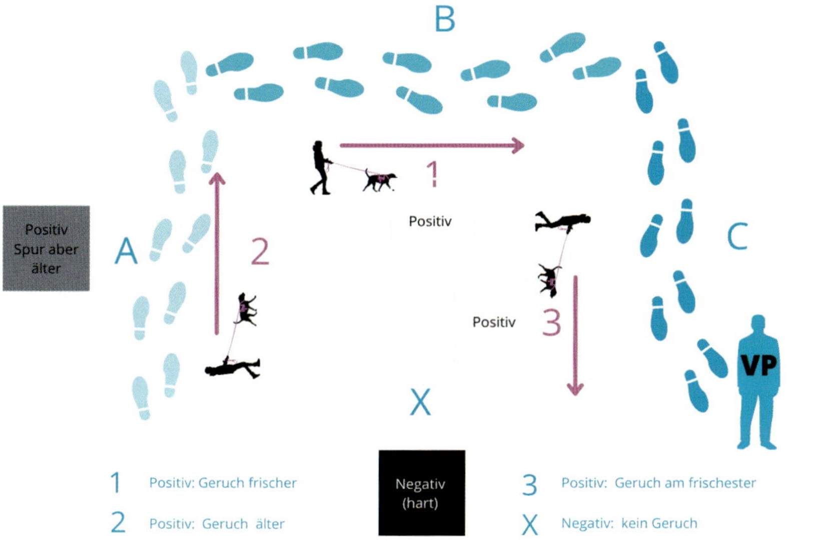

Zuletzt geht es dann (Hund am Halsband geführt) zu Abschnitt C – dem frischesten Teil dieser Spur. Hier wird der Hund wieder am Geschirr angesetzt und zur Weiterarbeit aufgefordert. Er verfolgt nun den Trail in die frischeste Richtung der Spur, entweder bis zur Versteckperson oder die Übung endet wieder mit einer Spurherausnahme. Das verbale Loben jeweils bitte nicht vergessen.

Diese beiden Übungen haben einen weiteren entscheidenden Vorteil: In relativ kurzer Zeit während einer Übungseinheit lesen wir die unterschiedlichen körpersprachlichen Zeichen – weiß, grau und schwarz – des Trailers und können so die Unterschiede quasi im Direktvergleich anschauen.
Außer, dass man immer mit Trail-Abschnitt B beginnt, sind natürlich die verschiedensten Varianten möglich wie z.B. BAXC oder BX oder BA oder BXAXC

Übung Bushaltestellen BAC

Ein Negativ-Ende kommt häufiger im Einsatz vor, als uns das vermutlich lieb ist. Die vermisste Person ist also von ihrem zuletzt gesehenen Ort zu Fuß oder mit dem Rad eine Strecke gelaufen oder gefahren und anschließend in einen Bus oder in eine Bahn/U-Bahn eingestiegen. Entweder wird an dieser Stelle der Einsatz beendet, weil somit seitens der Polizei davon ausgegangen wird, die vermisste Person ist noch mobil genug. Oder die Teams im Einsatz fahren die zu der passenden Strecke folgenden Bushaltestellen ab, um im besten Fall die Spur wieder aufnehmen zu können.

Hier wird überprüft, ob die vermisste Person an der Bushaltestelle ausgestiegen ist.

Sind dies – oftmals gerade in Großstädten – zu viele Haltestellen, kann einsatztaktisch auch anders vorgegangen werden. Die Einsatzkräfte überlegen sich, ob die vermisste Person bestimmte Zuwendungsorte hat, und fährt diese dann gezielt an – immer mit dem Risiko verbunden, dass man dann die Haltestelle „überfährt", an der die Person tatsächlich ausgestiegen ist.

Die Tücke beim Abfahren von Bushaltestellen im Einsatz liegt darin, dass man ausschließlich erfolgreich ist, wenn der Hund zuverlässig nur eine Spur wieder aufnimmt, die frischer ist als diejenige, die er bereits verfolgt hat. Das Grundprinzip der BAC-Übung zählt hier wieder.

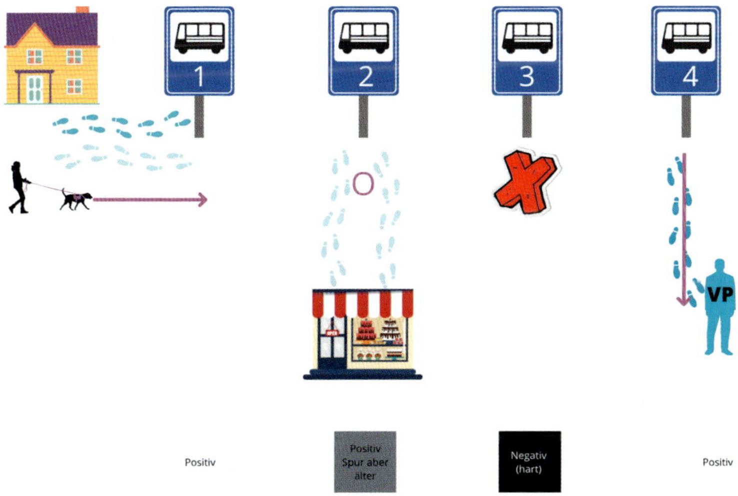

IM EINSATZ

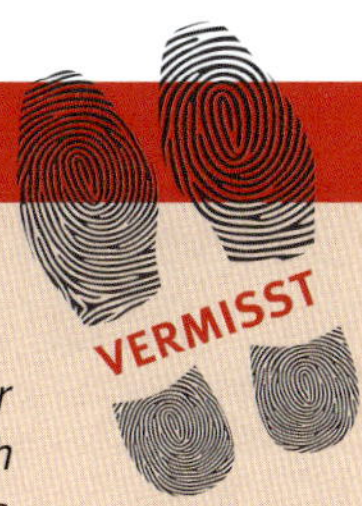

Ein weiteres Phänomen ist mir hier in den Einsätzen begegnet. Mein Hund hat ein Negativ-Ende wie am Bahnsteig angezeigt, aber es gab weder dort noch in der Nähe einen Bahnsteig oder eine Bushaltestelle. Dennoch konnte an dieser Stelle oder im weiteren kleinen Umkreis keine frischere Spur mehr durch den Trailer aufgenommen werden. Im Nachhinein stellte sich heraus, dass die vermisste Person an der Stelle in einen Krankenwagen eingeladen worden war. Und somit hatte der Hund alles richtig gemacht – ich konnte es im ersten Moment nur nicht richtig deuten.

Das problematische Gegenstück: Ein Unterwegs-Geruchspool kann – wenn dies nicht genügend trainiert und nicht überprüft wird, ob noch eine frischere Spur herausführt – ebenfalls zu Fehlinterpretationen führen. Denn in den meisten Fällen – besonders im Training – ist ein Pool (eine Geruchsanhäufung) ein Endpool.

Übung Fahrstühle in Gebäuden (BAC)

Gerade in großen Gebäuden mit vielen Stockwerken – wie Krankenhäusern oder Altenheimen – kommt es dazu, dass die vermisste Person mit dem Fahrstuhl gefahren ist. Daher ist es ebenfalls wichtig, nicht auf eine ältere Spur zu rutschen, wie z. B. der gängige Weg der Personen zum Speisesaal, der eben aber nicht

Das Trail-Team überprüft den Ausgang der Fahrstuhletage.

Körpersprachlich sieht es nach einem Negativ auf dieser Etage aus.

die frischeste Spur impliziert. Grundsätzlich ist das Prinzip genauso wie beim Abfahren von Bushaltestellen. Man überprüft Etage für Etage und schaut, wo die frischeste Spur (Farbschema: weiß) ist. Ich weiß aber, dass der Hund gegebenenfalls bei älteren Spuren (Farbschema: grau) mehr Zeit zum Arbeiten braucht als auf Etagen, wo die vermisste Person noch nie war (Farbschema: schwarz). Bei Fahrstühlen, die in einem Gebäude sind, kommt zusätzlich noch die Herausforderung des Indoor-Trailen hinzu.

Sind es sehr viele Stockwerke, können die Einsatzkräfte natürlich einsatztaktisch entscheiden, als Erstes zu schauen, ob das Erdgeschoss zur frischesten Spur führt, bevor jede Etage überprüft wird.

Wenn man gerade keinen Zugang zu Trainingsgebieten wie zu einem Altenheim hat, kann man diese Übung oft sehr gut in großen Parkhäusern mit Fahrstühlen trainieren.

Ich finde es immer wieder erstaunlich, dass meine Einsatzhunde in Fahrstühlen mit zwei Ein- und Ausgängen bereits, wenn sich die Tür geschlossen hat, sich so mit ihrem Körper auf die Seite ausrichten, wo die Tür wieder aufgeht – also wo die Spur wieder aus dem Fahrstuhl herausführt. Habt ihr das auch schon einmal beobachtet?

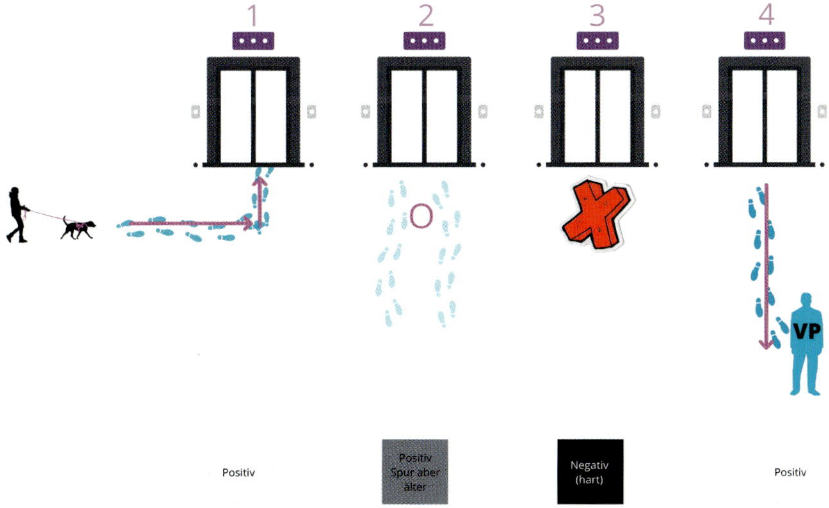

Erklärung und Übung Geruchspool-Varianten

Geruchspool bedeutet eine Anhäufung des Individualgeruchs der zu suchenden Person an unterschiedlichen Stellen des Trail-Verlaufes.

Geruchspool-Varianten:

- Startpool: Im Startbereich ist vermehrt Geruch der Versteckperson.
- Unterwegs-Geruchspool: Unterwegs gibt es Geruchsanhäufungen der Versteckperson.
- Endpool: Am Ende steht die Versteckperson im eigenen Geruchspool.

In Einsätzen kommt der Geruchspool – gerade wenn die Person bereits einige Zeit unterwegs ist – viel häufiger vor, als wir uns im Training damit beschäftigen. Dies liegt vermutlich daran, dass ein Pool zeitaufwendig zu legen ist.

Bei einem Start- und Endpool ist die VP im Startbereich versteckt. Mir ist wichtig, dass die Person wirklich außer Sicht ist – denn würde sie offen herumstehen, würde man sie im Einsatz vermutlich sehen, ohne den Personenspürhund einzusetzen. Außerdem vermeide ich, dass die VP direkt in der Startformation steht. Denn im Grunde lehren wir den Hunden, dass er die Personen, die am Start stehen, ausschließt (z. B. wegen einer Kontamination), aber dass darunter nicht die vermisste Person ist. Dass jemand Vermisstes aber im Einsatz beispielsweise im Nahbereich hinter einer Hecke liegt, ist gar nicht so unwahrscheinlich.

Körpersprachlich sieht ein Unterwegspool ähnlich wie Hochwind-Wittern aus.

Eine Übung für einen Start-und Endpool zusätzlich mit versperrtem Versteck kann der kürzeste Trail sein. Jemand steigt aus seinem Auto auf der Fahrerseite aus und steigt in den Kofferraum wieder ein (oder alternativ auf der Beifahrerseite). Bitte gegebenenfalls für genügend Luftzufuhr für die Versteckperson sorgen! Der Start für das Trail-Team ist an der Fahrertür. Beobachtet genau euren Hund bei der Übung. Wie sieht seine Körpersprache aus, wenn es keinen Trail gibt, sondern der Startpool gleichzeitig auch der Endpool ist?

Aus einem Unterwegs-Geruchspool wieder herauszufinden, bedarf in vielen Fällen Team-Arbeit. Stellt euch um den Pool einen Kreis vor mit den üblichen 360 Grad. Gesucht wird die Grad-Zahl, wo der Trail wieder herausführt. Also schaut man gemeinsam mit dem Trailer, wo es herausgehen könnte, indem man den Hund am Halsband an die möglichen Auswege bringt und dort schaut, ob er den Trail wieder aufnehmen kann. Dazu macht man sich gedanklich einen Plan, damit man das Ganze nicht kreuz und quer arbeitet. Man fängt beispielsweise bei 1 Grad an und arbeitet sich dann im Uhrzeiger zu den höheren Gradzahlen, bis der Hund die frischeste Spur wieder aufnehmen kann.

IM EINSATZ

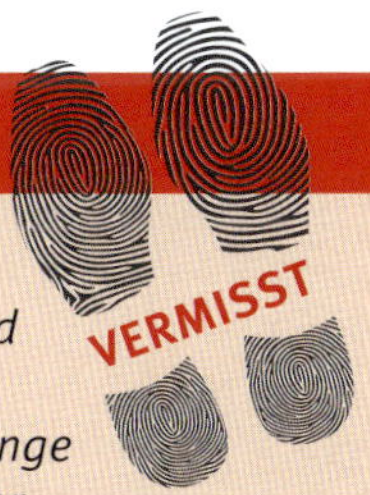

Mich hat ein Unterwegspool in einem Einsatz ebenfalls einmal fast zur Verzweiflung gebracht. Wir waren im Wald und mein Einsatzhund hat mich immer wieder zu einem Hochsitz geführt. Dieser war aber leer. Wir haben sehr lange gekämpft, um den Trail zu finden. Er war einige 100 Meter vom Hochsitz entfernt. Im Nachgang stellte sich heraus, die vermisste Person saß ca. zehn Stunden auf dem Hochsitz und flüchtete, als sie die Polizei bemerkte. Da wir erst einen Tag später alarmiert wurden, hatte der Geruchspool anscheinend noch mehr Zeit sich auszubreiten.

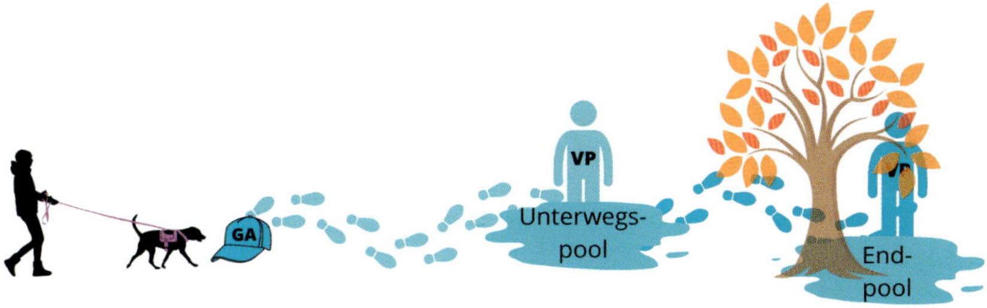

Doch wie trainiert man so einen Pool? Man kann ja schlecht morgens bereits eine Versteckperson „aussetzen“ und dann erst abends weiterlaufen lassen. Also sucht man sich am besten Menschen, die eh gerne an einem Ort verweilen wie beispielsweise Angler oder Pfadfinder im Zeltlager.

Spannend ist es auch, durch einen älteren Pool eine frischere Spur durchzulegen. Da kann man sehr schön beobachten, wie oft sich ein Hund – auch wenn der Pool älter ist – mit dieser Anhäufung von Geruch dennoch beschäftigt. Nutzt zum Beispiel dazu einen Trainingsort mit zwei nahegelegenen Parkplätzen. Bei Training 1 legt ihr fast automatisch auf Parkplatz 1 einen Geruchspool bzw. mehrere beim Warten. Beim nächsten Training trefft ihr euch auf Parkplatz 2. Von dort legt ihr mit einer Versteckperson einen Trail, der bei Training 1 einen Pool auf Parkplatz 1 gelegt hat. Das Ende des Trails sollte dann noch mindestens eine Abbiegung, besser zwei vom Parkplatz 2 entfernt sein.

Der Endpool ist der, der in vielen Trainings vorkommt, aber hier meistens ebenfalls eher mit einer zeitlich begrenzten Ausprägung. Gezielt ein größerer Pool – also die Person steht dort wirklich lange – macht aber natürlich für Einsätze absolut Sinn. Auch hier sollte man wieder im Training darauf achten, wie schaut mein Hund eigentlich beim Eintritt in den Endpool aus?

Einen Geruchspool gibt es nicht nur mit Lebendgeruch, sondern ebenfalls, wenn die vermisste Person verstorben ist. Wie bereits weiter vorne beschrieben, kann das im Ernstfall zu wirklichen Schwierigkeiten führen. Da es hier zwar keine wirkliche Trainingsmöglichkeit gibt, muss man die Thematik und Herausforderung dennoch im Hinterkopf behalten.

Spannend ist weiterhin, ob der Trailer im Endpool die dort zufällig stehende Person anzeigt oder die Person wirklich daraufhin überprüft, ob es sich um die sogenannte Quelle zum Geruchsartikel handelt. Hierzu Näheres im nächsten Kapitel.

Verleitung, Splitting und Differenzierung

Die folgenden Übungen werden oft stiefmütterlich behandelt, da gerade die Differenzierung im Grunde genommen nicht in den großen Prüfungsordnungen abgefordert wird. Denn sie verbessern z. B. die Genauigkeit und zeigen bzw. beheben teilweise eine Trainingsbetriebsblindheit, was das Auslegen von Doppelspuren angeht. Außerdem sind es absolut gute Übungen, um körpersprachliche Zeichen zu lesen und zu reagieren, was einem anschließend in Einsätzen wieder zugutekommt.

Der Hund zeigt die zum Geruchsartikel passende Person an.

Verleitung – Verleitpersonen

Verleitungen sind unsichtbar und sichtbar in jedem Training vorhanden. Denn in vermutlich jedem Gebiet liegen bereits menschliche Spuren – mal mehr (Stadt) mal weniger (Land) – und oft begegnen wir auch mehr oder wenig zufällig Personen während des Trainings. Mit diesen Übungen setzen wir aber gezielt und bewusst Verleitungen bzw. Verleitpersonen (VL) ein. Die Verleitungen können jederzeit auf dem Trail auftauchen bzw. abgestellt werden. Dabei wird unterschieden, ob sich die Verleitpersonen im Geruchsband der Versteckperson befinden oder nicht.

Beim Scannen von Verleitungen muss der Hund in den meisten Fällen nicht so nah an die Person herangehen, sondern es klappt auf Entfernung sehr gut. Im Anschluss an das Überprüfen kann man oft beobachten, dass der Hund sich schüttelt – dies wiederum ist an der Stelle keine Übersprunghandlung, sondern eher ein Rausschütteln des nicht passenden Individualgeruchs von einer Verleitperson. Das Schütteln kann man direkt nach einem Privatschnüffeln beispielsweise einer „Pipistelle“ ebenfalls beobachten.

Splitting

Splitting kann sowohl ein „Zeit-Splitting“ als auch ein „Personen-Splitting“ sein. Grundsätzlich – wie der Name schon ein wenig verrät – splittet sich an einer bestimmten Stelle der Geruch der Person(en). Bei Ersterem handelt es sich um verschiedene Spuren von derselben Person, die sie zu unterschiedlichen Zeiten gelaufen ist und die sich am Start oder unterwegs separieren. Beim Zweiten arbeitet man bewusst mit mehreren Personen, die sich am Start oder unterwegs trennen.

Ein Splitting, bei dem beide Personen (VP und VL) sichtbar sind.

Bei diesen Übungen trägt wie immer der Geruchsartikel den passenden Geruch zur Versteckperson. Die Verleitperson hingegen gibt keinen Geruchsartikel ab und hat den der Versteckperson auch nicht kontaminiert.

Grundsätzlich gehen beim Personen-Splitting mindestens zwei Personen einen Teil des Trails gemeinsam nebeneinander. Dann trennen sie sich wie bei einem Y oder einem T. Bei dieser Übung steht die Verleitperson nicht im Geruchsband der Versteckperson.

Übungs-Varianten des Splittings

Ein Personen-Splitting kann man unterschiedlich aufbauen, je nachdem, auf was der Fokus liegen soll. Hat man beispielsweise einen Hund, der gern seine Versteckperson am Ende des Trails mit den Augen sucht, wird die Versteckperson versteckt und die Verleitperson auf Sicht, aber nicht über die Spur erreichbar gestellt. Damit es nicht aus Versehen zu einer Fehlanzeige kommt, empfehle ich, die Verleitperson drei Leinenlängen entfernt aufzustellen.

Übungen Personen-Splitting

- Nur die Nase zählt: Versteckperson ist versteckt und die Verleitperson auf Sicht. Oder Versteckperson und Verleitperson sind beide nicht zu sehen.
- Mehrfach Splitting: Nur die Versteckperson geht in eine Richtung. Mehrere Verleitpersonen gehen gemeinsam in eine andere Richtung.
- Variante Zeit- und Personen-Splitting anders kombiniert: Die Versteckperson hat die ältere Spur gelegt, die Spur der VL ist frischer.

Nur die Nase zählt

VP ist versteckt.
VL ist in Sicht.

Nur die Nase zählt

VP und VL sind nicht zu sehen.

Mehrfach Splitting

Nur die VP geht in eine Richtung.
Mehrer VLs gehen gemeinsam in eine andere Richtung.

Das Spuralter

VP ist die ältere Spur.

Übung Zeit-Splitting

Die Versteckperson legt mehrere Spuren in unterschiedliche Richtungen. Dies dient dazu zu überprüfen, ob der Hunde zuverlässig die frischeste Spur der zu suchenden Person abläuft.

Alle Übungen zum Thema Splitting dienen ebenfalls der Überprüfung, ob der Trailer dem Geruch des Geruchsartikels folgt und beispielsweise nicht einfach einer frischen Spur zu einem Geruch, der ihm bekannt ist.
Außerdem sollte in gleicher Weise immer mal wieder überprüft werden, ob sich der Hund nicht an dem Geruch und dem Weg des Flankers orientiert. Dazu vermeidet man am Start die so oft gelegte Doppelspur von Versteckperson und Flanker, weil die zwei zeitgleich und parallel vom Start weggehen. In dem Fall trennen sich die beiden am Start, gehen 180 Grad entgegengesetzt weg und treffen sich erst zu einem späteren Zeitpunkt auf dem Trailverlauf.

Konzentrierte Suche beim Splitting ist wichtig.

Übung und Infos zur Differenzierung

Differenzierung heißt, der Hund muss den zu suchenden Individualgeruch aus mehreren Personen (nicht weniger als zwei) finden und anzeigen. Dabei befindet sich mindestens eine Verleitperson im Geruch der Versteckperson.

Es kann einen Unterschied machen, ob der Hund die Individualgerüche kennt oder nicht.

Der Abstand kann in den ersten Trainingseinheiten etwas größer sein, sollte dann aber weiter verringert werden.
Ebenso darf die Versteckperson nicht jedes Mal in derselben Position stehen. Schließlich soll der Hund nicht lernen, dass, wenn mehrere Personen am Ende eines Trails stehen, es immer die mittlere Person ist.

Was der Hund aber gegebenenfalls lernen muss, ist, dass eine Anzeige der richtigen Person genauso dazugehört, auch wenn mehrere Personen am Ende stehen. Zusätzlich braucht der Hund unter Umständen bei dieser Übung mehr Zeit, die richtige Person zu identifizieren. Ebenso kann es sein, dass er Unterstützung bei der richtigen Anzeige benötigt, wenn er sich schon zu einer Fehlanzeige hat hinleiten lassen. Denn da gab es ja keine Belohnung dafür.
Wie bereits im Kapitel Geruch geschrieben, kann das Trail-Team mithilfe der Differenzierung feststellen, ob der Hund bereits „ökonomisch" nur die Personen scannt, die anhand des Geruchsartikels infrage kommen. Die einfachste Unterscheidung liegt beim Geschlecht. Dessen sollte man sich dann bewusst sein, wenn man die Reihenfolge der Personen plant.

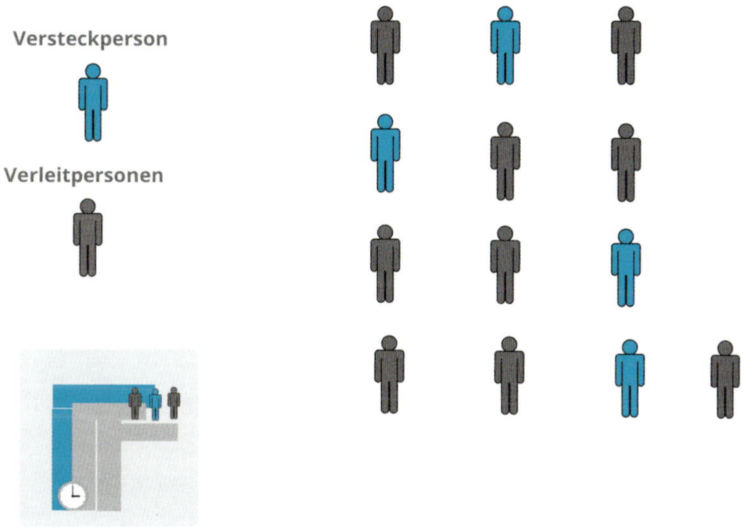

Ein Rückverweiser kann ebenso erfolgreich differenzieren.

Diese Differenzierung hat Frauen und Männer gemischt.

Übung Differenzierung XY ungelöst

Bei dieser Übung wird die Geruchsabnahme vom Boden/Bordstein mit der Unwissenheit des Hundeführers, wer die Versteckperson bzw. Verleitperson(en) sind, kombiniert. Es werden mindestens zwei Personen zum Verstecken benötigt. Im Startbereich legt der Trainer mit einem Mindestabstand von 2 Metern die Anzahl von Markierungen (z.B. verschiedenfarbige Wäscheklammern oder unterschiedliche Münzen) am Bordstein ab. Jede Person geht an eine dieser Markierungen und reibt mit seinen Schuhen neben dieser Stelle mehrmals hin und her. Alle laufen anschließend einen gemeinsamen Trail und stellen sich am Ende zu einer Differenzierung auf.

Der Hundeführer sucht sich am Start einen der Geruchsabriebe zum Anriechen aus. Ich zeige dafür mit einem Finger auf den Geruch am Bordstein, den der Hund anriechen soll, und sage: „Riech da". Der Hund nimmt den Trail auf und verfolgt diesen. Am Ende des Trails weiß so keiner der Personen, ob sie die gesuchte Person ist oder nicht. Dies führt zu einem anderen Verhalten der Personen, nämlich eher einem neutralen. Und nur der Trailer kann das Rätsel lösen.

Gleichzeitig zeigt eine Differenzierung auf, ob der Hund den Unterschied zwischen „Anzeige einer Person, die zufälligerweise im Endpool steht" oder „die Quelle des Geruchs (Versteckperson) anzeigen", verstanden hat. Denn zeigt er nicht eigenständig an, hat er die Anzeige bis an den Geruchspool geknüpft und nicht an den

Abgleich der Quelle. Zusätzlich kann hier das Phänomen beobachtet werden was passiert, wenn man keine still stehende/sitzende Versteckperson hat, sondern wie in der nächsten Übung eine sich bewegende Versteckperson.

Der Hund gleicht den Geruch direkt bei der Versteckperson ab.

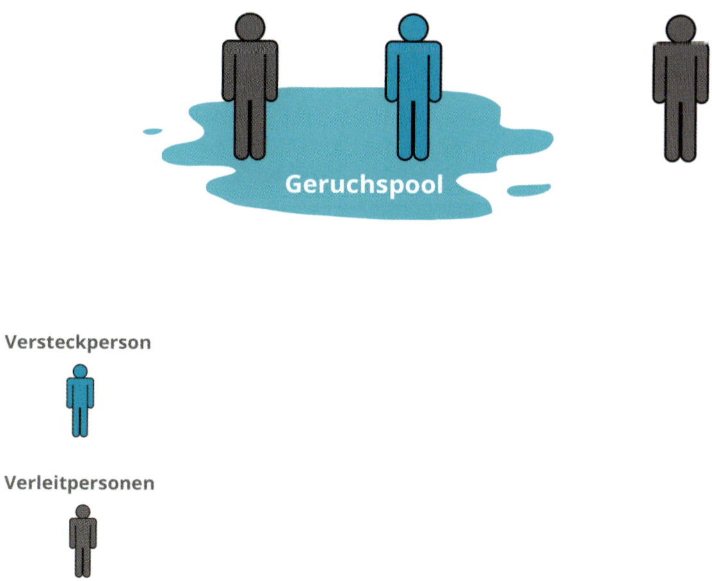

Übung bewegende Versteckperson

Gerade im Einsatz kann es gut sein, dass die vermisste Person nicht herumsitzt, sondern sich in Bewegung befindet. Daher sollte dies auf jeden Fall trainiert werden. Hinzu kommt, dass bei dieser Übung der für den Hund so bekannte Endpool fehlt. Daher laufen viele Hund beim ersten Training mit dieser Aufgabe so an der Versteckperson vorbei, als würde sie gar nicht existieren.

Oft ist eine sich „wegbewegende Versteckperson" noch einfacher als eine „entgegenkommende Versteckperson". Daher fange ich immer mit diesem Aufbau der Übung an. Genauso macht die Geschwindigkeit einen Unterschied. Eine schnellere Person scheint einfacher zu identifizieren zu sein als eine Versteckperson, die eher schlendert. Letztlich ist da aber natürlich jeder Hund anders. Ist beim ersten Mal die sich bewegende Person eine zu große Herausforderung, kann man die Versteckperson nach der Bewegung doch ruhig hinstellen.

Übung Uhrzeit-Kreuzung

Gerade wenn das Training häufig in der gleichen Besetzung stattfindet, kann man unterschiedliche Dinge beobachten:

- Man hat das Gefühl, der Hund zählt durch und weiß, wer fehlt.
- Er riecht in unseren Augen nicht vernünftig genug am Geruchsartikel an.
- Der Hund dreht sich am Start in die Richtung des Trails und will schon loslaufen, ohne am Geruchsträger überhaupt gerochen zu haben.
- Er nimmt einfach die frischeste Spur vom Start weg.
- Der Hund nimmt die Doppelspur von Versteckperson und Flanker.

Mit dieser Übung kann man einige dieser Verhaltensweisen, die sich häufig nur einfach eingeschlichen haben, verhindern. Wichtig ist hier ein kontaminierter Geruchsartikel, der am besten gut verschlossen im Glas aufbewahrt und wirklich erst zum eigentlichen Anriechen dem Hund gereicht wird.
Man stellt in einer Vierarm-Kreuzung vier Personen Rücken an Rücken. Jeder geht zur gleichen Uhrzeit los in seinen vor ihm liegenden Kreuzungsarm.

Dabei kann man verschiedene Varianten auslegen:

- Alle Personen gehen außer Sicht.
- Eine Verleitperson bleibt bereits nach 20 bis 30 Metern auf Sicht stehen, während alle anderen in ein Versteck gehen.
- Die fünfte Person ist der Trainer/Flanker, der hier eine Doppelspur mit einer Verleitperson legt und eben nicht mit der Versteckperson weggeht.
- Nachdem die vier Personen (VP, VL, VL, VL) weg sind, legt eine weitere Verleitperson eine frischere Spur über die Kreuzung z.B. In Form einer gelaufenen Acht.

Vier Personen verlassen zur gleichen Zeit in vier Richtungen den Kreuzungsmittelpunkt.

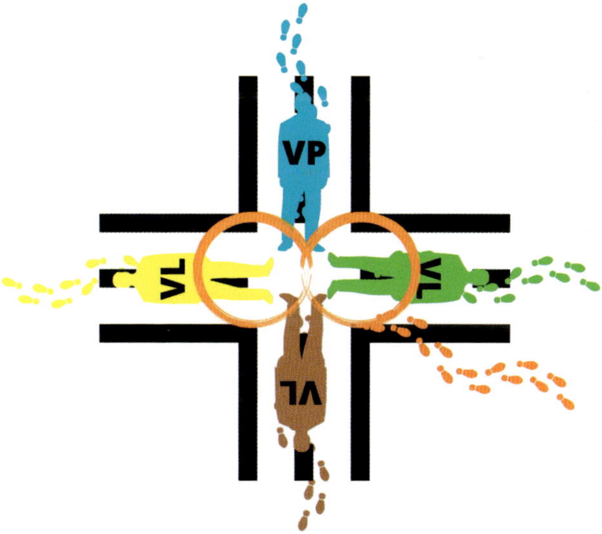

Kommt nun das Team in den Kreuzungsbereich, kann man sehr gut beobachten, wie anders der Hund reagiert und wie er wieder richtig schön auf den Geruchsartikel wartet.

Buchstaben-Übungen

Unser Alphabet bietet eine Reihe von Buchstaben, mit denen sehr sinnvolle Trails gelegt werden können und einen so ein wenig von den Standard-Trails wegbringt. Ein paar möchte ich euch an dieser Stelle vorstellen. Entweder kann ich den Buchstaben separat als sogenannte Bausteinübung auslegen oder alternativ integriere ich den Buchstaben innerhalb eines ansonsten längeren Trails.

Spurhäufigkeit

Oft hat man im Training das Problem, nicht genügend Spurüberlagerungen zu haben. In der Realität in Einsätzen sieht das Ganze dann absolut anders aus. Dort ist die abgängige Person viele Male die gleichen Wege unterwegs gewesen. Gerade bei Einsätzen, in denen Menschen, die an Demenz erkrankt sind, vermisst werden, trifft das Trail-Team im direkten bzw. den Personen noch bekannten Umfeld auf viele Spurüberlagerungen. Doch plötzlich biegen die Personen anders ab. Die Spur wird „exklusiv" – doch von dort finden sie nicht wieder nach Hause.

Dieses Phänomen kann ein Trailer sehr gut mit den Buchstaben-Übungen „O" und „T" trainieren. Zusätzlich bringt es den Hunden bei, nicht der sogenannten Geruchsautobahn zu folgen, sondern immer der frischesten Spur – auch wenn diese als einzige woanders hingeht.

Meine Erfahrung aus Einsätzen zeigt, dass eine Spuranhäufung (viele Überlagerungen oder ein Geruchspool) stets interessant für den Hund ist. Es besteht so immer die Gefahr, dieses fehlzuinterpretieren.

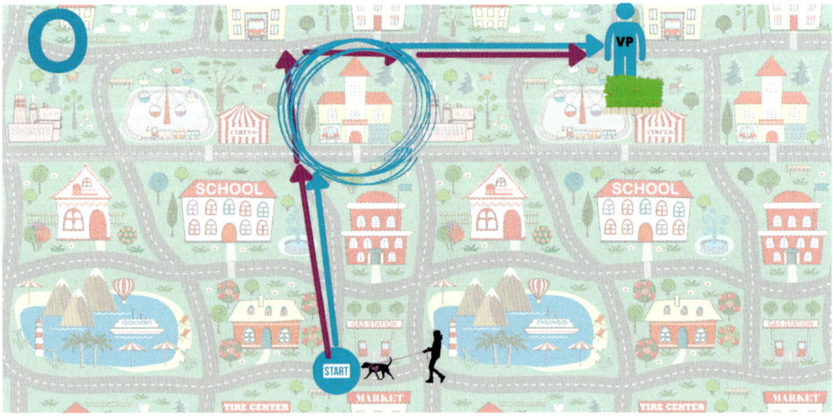

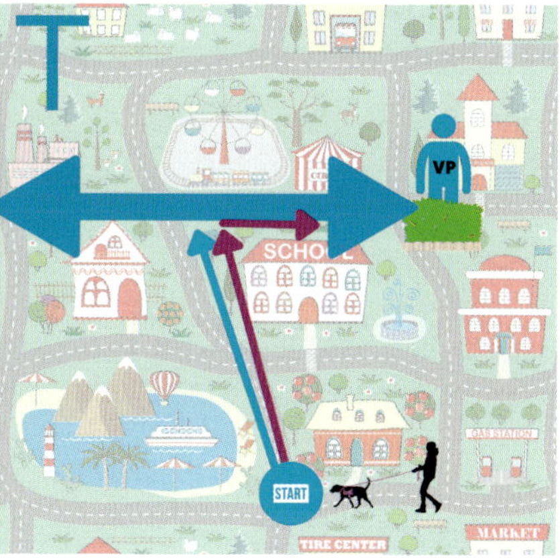

Spursprung

In meiner Trail-Welt soll der Trailer, wenn er in einem Kreuzungsbereich auf eine frischere Spur trifft, auf diese wechseln. Er soll von „frisch“ auf „am frischesten“ einen Sprung machen. Um dies zu üben, bieten sich Buchstaben wie „P“ und „A“ an. Ähnlich wie beim 90-Grad-Starten kann man hier körpersprachlich sehr gut beobachten, wie der Hund zeigt, von wo die frischere Spur kommt und wo er dann auf dem frischesten Verlauf wieder eintaucht.

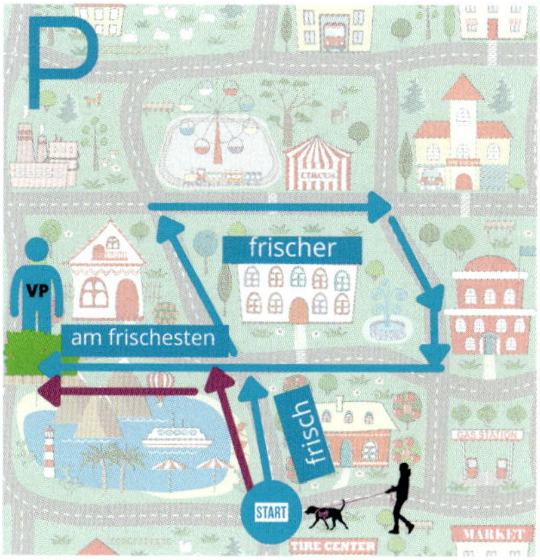

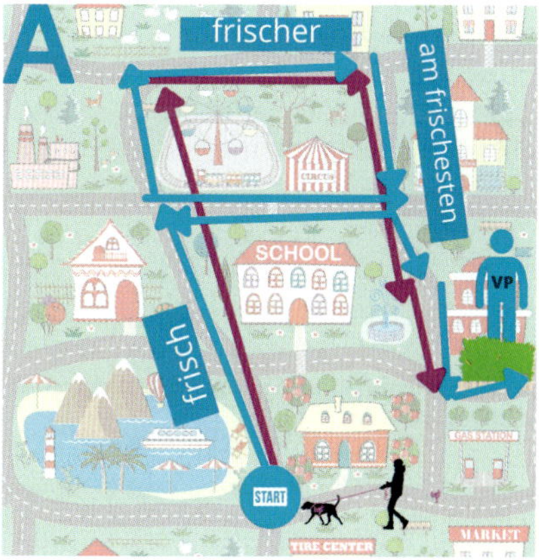

Zusätzlich bietet die nachfolgende Übung die Möglichkeit zu sehen, wie sich der Hund körpersprachlich verändert, wenn er auf einen viel frischeren Teil der Spur trifft.

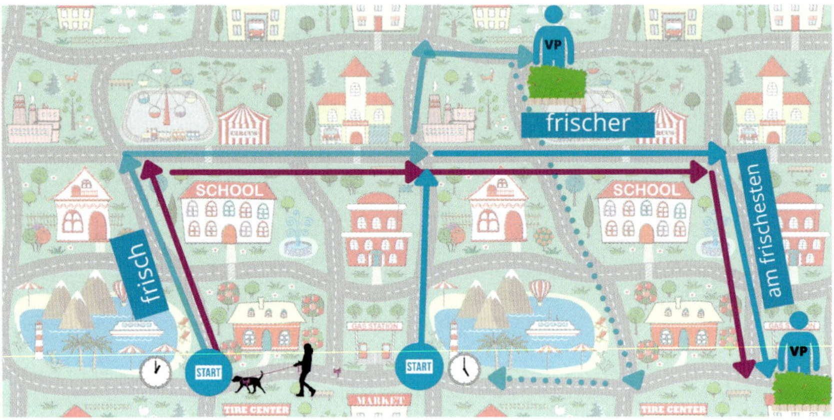

Hochwind

Wenn ich wissen will, wie mein Hund mit seiner Körpersprache reagiert, wenn er die Möglichkeit hat, über den Hochwind zum Erfolg zu kommen, legt man den Buchstaben U. Wie groß der Abstand zwischen Anfang und Ende des Buchstabens sein darf, damit der Hund den Geruch über den Hochwind bekommt, liegt natürlich zusätzlich an der herrschenden Windstärke und dem vorhandenen Gebäude bzw. der Geländetopografie.

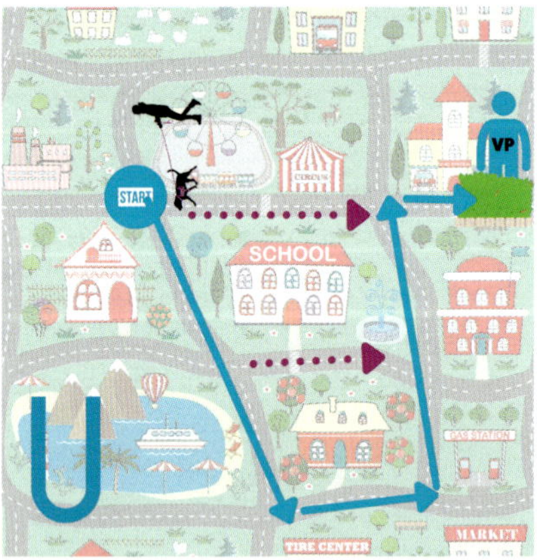

Da ich bevorzuge, dass der Hund über das Geruchsband zum Ziel kommt, ist dieses allerdings eine Übung, die ich nicht so häufig trainiere bzw. auf dem Trail einbaue.

Diagonale

Mit dem Buchstabe I kann ich gut eine Diagonale über einen offenen Platz legen wie z. B. auf einem Baumarkt- oder Supermarkt-Parkplatz. Mit dieser auf den ersten Blick simpel wirkenden Übung kann man einige Aspekte trainieren:

- Spurtreue: Der Hund lernt auch auf offenen Flächen, im Geruchsband zu trailen.

- Timing: Der Hundeführer darf nur mitgehen, wenn der Hund körpersprachlich zeigt, dass er im Geruchsband ist. Ansonsten schiebt der Mensch den Hund, obwohl er gar nicht weiß, wo es hingeht.
- Stehen bleiben, richtig eindrehen oder nicht eindrehen.
- Körpersprache lesen lernen: Wann taucht der Hund ins Geruchsband ein?
- Leinenhandling: Wie viel Leine braucht der Hund? Hebt er den Kopf an, ist er aus dem Geruchsband aufgetaucht.
- Körpersprache Mensch: Bleibe ich von der Spur weggedreht, heißt das im Umkehrschluss für den Hund, die „falsche“ Richtung weiter zu scannen.

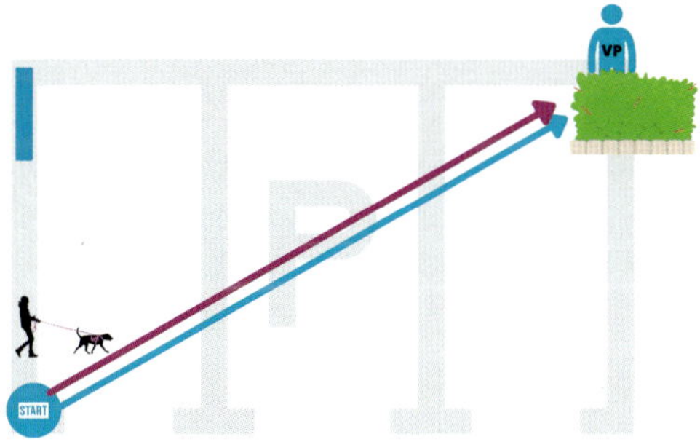

Buchstabe X

Der Buchstabe „X“ kann gut mit der Übung des Buchstaben „I“ kombiniert werden. Das heißt, erst das „I“ als Trail legen, und dann wird durch eine zweite Diagonale das Ganze zu einem X oder fast zu einer Zeichnung von „Das Haus vom Nikolaus“.

Mit dem X kann man entweder wieder kontaminiertes Gebiet trainieren – also Spurüberlagerungen – oder einen Zeitsprung auf einem offenen Platz. Auch diese Übung schult den Blick des Hundeführers für die Körpersprache des Hundes, um ihm Zeit und Raum zum Arbeiten zu geben und ihn nicht über den Trail zu schieben. Denn auch Trailen ist sehr oft eine Frage des richtigen Timings.

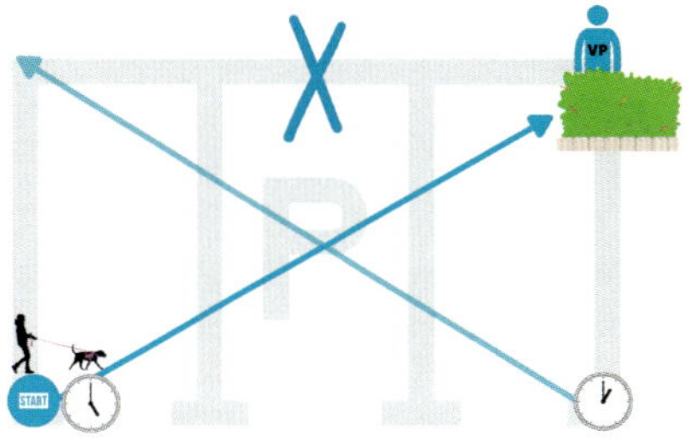

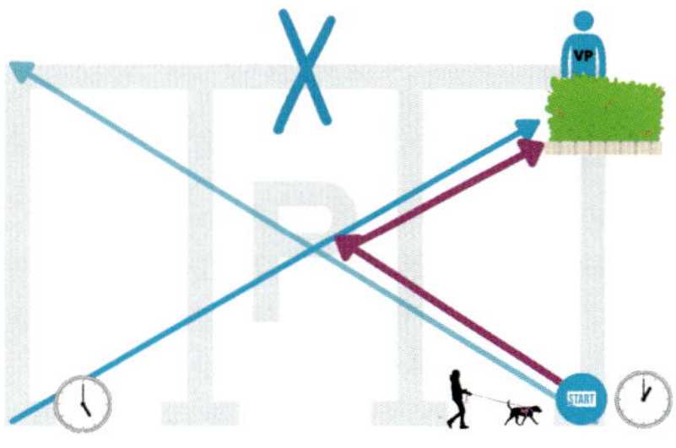

Übung „Auf dem Trail hingehen“

Bei Einsätzen in Krankenhäusern bzw. in Altenheimen gibt es ein Phänomen, was man trainieren muss, da es dort besonders ausgeprägt sein kann. Gleiches kann aber ebenfalls beim Abgang im Wohnhaus oder bei der Wieder-Spur-Aufnahme am Bahnsteig der Fall sein.

Hierbei handelt es sich um den Hinweg zum Abgangsort. Dieser Weg entspricht oft dem Weg, den die vermisste Person aus dem Gebäude herausgenommen hat. Der Einsatzhund läuft also beim Gehen zum Abgangsort bereits auf der Spur. Selbst wenn er noch keinen offensichtlichen Zugang zum Geruchsartikel hatte, scheint er beim Anriechen zu erkennen, dass er z. B. am Hauptausgang – wo er vorhin reingeführt wurde – bereits frischeren Geruch in der Nase hatte. Er versucht nun etwas noch Frischeres zu finden, was aber unter Umständen nicht der Fall ist. Dennoch erscheint uns Menschen dadurch ein nicht so zielstrebiger Abgang, wie wir es uns wünschen.

Trainiert man dieses Phänomen jedoch von Zeit zu Zeit, ist der Hund daran gewöhnt und meistert diese Herausforderung viel einfacher.

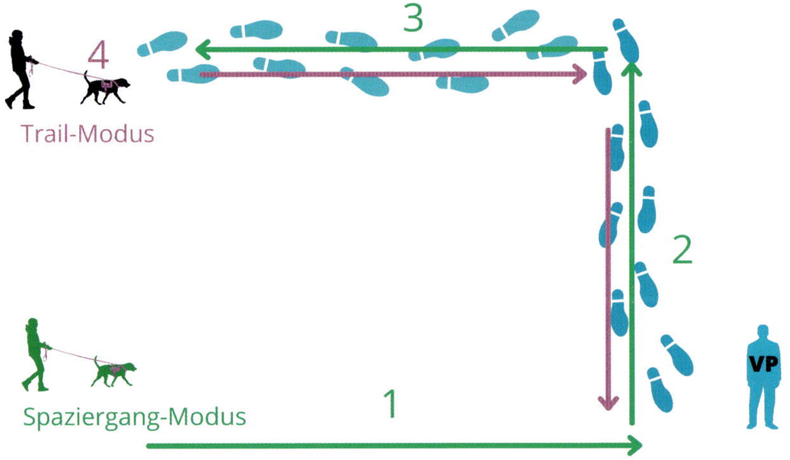

Übungsaufbau

- Die VP legt eine Spur von A nach B.
- Das Trailer-Team geht auf der Spur von B nach A „spazieren“, hat aber bereits alle Arbeitsutensilien und den Geruchsartikel dabei.
- Bei A wird der Trailer gestartet.

Training alte Spuren

In Einsätzen sind zwangsläufig eher ältere Spuren als frische zu suchen. Je nach Spuralter ist das Geruchsbild für den Hund unterschiedlich. Spurbilder (Spuralter), die der Hund aus dem Training gut kennt, sind einfacher für den Hund als Spurbilder, die er nicht so gut kennt. In diese muss er sich gegebenenfalls erst „einsuchen". Deswegen ist es wichtig, diese unterschiedlichen Spuralter zu trainieren.

Da man davon ausgeht, dass es zwei Arten von Geruchspartikeln gibt – die schwebenden (leichten) und klebende (schwereren) – und nach einer gewissen Zeit die leichten sich verflüchtig haben, hat sich bei mir im Training herausgestellt, dass es einfacher ist, mit einer Spur, die älter als 2 Tage ist, zu beginnen und nicht mit einer, die nur ein paar Stunden alt ist.

Je häufiger man ein Spuralter trainiert, umso deutlicher wird die Körpersprache des Hundes. Dies hat sicher etwas mit dem Stichwort Routine zu tun. Ein Spuralter von 4 bis 12 Stunden erscheint vermutlich als schwieriger, weil es selten trainiert wird. Gerade bei vermissten Kindern ist Gott sei Dank eine kurze Alarmierungszeit von wenigen Stunden aber gut möglich.

Je älter eine Spur ist, desto mehr Geruchsabrisse kann diese beinhalten. Hier ist es ebenfalls wichtig, dass der Hund nach einer „Durststrecke" nur an einem frischeren Trail anknüpft und nicht auf einen älteren Trail rutscht.

Eine oft gestellte Frage ist, ob der Geruchsartikel vom Alter zur Spur passen muss. Grundsätzlich ist der Geruchsartikel im Einsatz älter als die Spur – ansonsten wäre die Person wohl nicht vermisst. Meine Erfahrung zeigt aber, dass das Alter von Geruchsartikel und Spur nicht passen muss. Probiert es im Training doch einfach mal aus.

Im Training kann man alte Spuren auch ohne Versteckperson am Ende suchen lassen und die Arbeit des Hundes mit einer Spurherausnahme beenden. So sieht es oft auch in Einsätzen aus.
Trotzdem sollte man von Zeit zu Zeit auch mit einer Versteckperson am Ende üben. Ansonsten verknüpft der Hund damit, dass alte Spuren keine Person am Ende haben. Da im Training in den seltensten Fällen allerdings jemand beispielsweise 24 Stunden am Ende des Trails sitzt, wird er einfach am Trainingstag wieder ans Ende des Trails gebracht. Dabei sollte übrigens der Fahrer nicht mit der Versteckperson im Auto über die Spur fahren. Außerdem muss bedacht werden, dass das Trail-Alter nicht mit dem Endpool und der Quelle (Versteckperson) übereinstimmt, sondern es einen Zeitsprung gibt. Beim ersten Mal kann es sein, dass der Hund sich dieses erst erarbeiten muss. Oder er wird zum Ende viel schneller, weil ja quasi die Spur-Uhr vorgedreht wurde.

Da man davon ausgeht, dass umso weniger flüchtige Individualgeruchspartikel durch die Luft schweben, je älter die Spur ist, und der Löwenanteil des Geruchs bodennah für den Trailer zu finden ist, erscheint die Körpersprache des Hundes bei älteren Spuren eindeutiger als bei frischen Spuren. Zusätzlich kann es auch daran liegen, dass oftmals bei älteren Spuren langsamer gesucht wird und der Hund somit mehr Zeit hat, eine wirklich deutliche Körpersprache zu zeigen.

Die Körpersprache ist auf älteren Spuren besonders gut zu beobachten.

Mehrere Teams im Einsatz einsetzen

Meistens macht es Sinn, in Einsätzen mit mehreren Teams zu arbeiten. Zum einen ist die Strecke, die die vermisste Person zurückgelegt hat, oft länger, als ein Team am Stück arbeiten kann. Während der ersten Hund Pause macht, kann dann der zweite Hund weiterarbeiten. Nach der Pause wird dann Hund 1 wieder eingewechselt.
Zum andern ist es oft sinnvoll, mit einem weiteren Hund beispielsweise den Abgang/den Start nochmal zu überprüfen, da hier bekanntlich mit das größte Fehlerpotenzial lauert.

Außerdem hat jedes Team individuell seine Stärken, die bewusst in der Einsatztaktik verwendet werden sollten. Der eine ist eher der „Langstreckenläufer", während der nächste Hund lieber knobelt, besonders gut Indoor trailt oder offene Plätze ausgezeichnet arbeitet.

Trailen mehrere Teams nacheinander, wird gern von einem Staffel-Trail gesprochen. Dies sollte man immer mal wieder trainieren. Endet der erste Abschnitt, läutet der Hundeführer mit einer Pause eine Spurherausnahme für den Hund ein. Gerade im Einsatz sollte man diese Unterbrechung nicht erst machen, wenn das Team sich schon über den Ermüdungs- und Konzentrationspunkt hinweggearbeitet hat. Lieber spart man sich noch mehr Kraft für die nächste Runde auf. Einfacher ist es zudem auch, in einem gut bebauten Abschnitt und nicht in einer schweren Kreuzung zu wechseln, die der andere Hund schon mehrfach durchlaufen hat.

Je nach Ausbildungsphilosophien kann ein Staffel-Trail einfach oder schwieriger sein, denn jede der Philosophien handhabt die Nähe zum Geruchsband unterschiedlich. Trifft man in Einsätzen durch Nachalarmierung häufiger aufeinander, macht es daher Sinn, sich zum gemeinsamen Training zu treffen, um zu schauen, wie die Zusammenarbeit am besten funktioniert.

Im Training gilt ebenfalls zu überprüfen, ob die Hunde sich gegenseitig folgen oder überprüfen oder ein bekannter Individualgeruch von Kollegen für den Hund interessant ist und er sich damit zu viel beschäftigt. Beides sollte nicht der Fall sein.
Denn eins ist sicher: Finden können wir nur gemeinsam!

Schlusswort

Schon bin ich und damit ihr ebenfalls am Ende dieses Buches angekommen. Trailen ist allerdings so umfangreich, dass wir niemals am Ende des Trainings sowie der Trainingsmöglichkeiten angekommen sind. Trailen entwickelt sich immer und immer weiter. Das macht unter anderem die Faszination Mantrailing bzw. Personenspürhunde aus. Training und Einsätze sind immer voller Überraschungen.

Denkt immer dran: Fehler sind erlaubt. Habt im Training einen Plan B – dann könnt ihr noch viel mutiger sein. Denn ich glaube, wir haben die Nasenleistung unsere Hunde noch bei Weitem nicht zu Ende erkundet und „ausgereizt".
Läuft es einmal nicht so gut – morgen ist auch noch ein Tag.

An dieser Stelle möchte ich mich herzlich bei allen Trail-Teams bedanken, die ich für dieses Buch fotografieren durfte.

Apropos Bilder: Neue Bilder von meinen Trainings und Coachings kannst du in den Sozialen Medien bei Instagram (Mantrailerin_Personenspuerhund) und Facebook (Mantrailerin) sehen. Da ist immer mal wieder eine neue Idee fürs Training zu finden. Ich freue mich, wenn ihr ein Follow dalasst.

Und wer in Einsätze geht: Kommt immer gesund wieder.

„Lass Dich nicht unterkriegen. Sei frech, wild und wunderbar."
(Astrid Lindgren)

ManTrailerin
ESRA & TICK

Quellen

https://www.bka.de/DE/UnsereAufgaben/Ermittlungsunterstuetzung/Bearbeitung-Vermisstenfaelle/bearbeitungVermisstenfaelle.html;jsessionid=92F9A11FDF55034FCFDFF9EBBB946BD6.live2302?nn=30666#doc19618bodyText1
(Abruf mehrmals August 2021)

https://www.bka.de/DE/UnsereAufgaben/Ermittlungsunterstuetzung/Bearbeitung-Vermisstenfaelle/bearbeitungVermisstenfaelle.html
(Abruf mehrmals August 2021)

https://www.canva.com/ (Grafiken)

https://dogco.de/geruchssinn-hund/ (Abruf mehrmals August 2021)

https://www.eurofins.de/forensik/unser-angebot/dna-phaenotypisierung/
(Abruf mehrmals August 2021)

https://www.geo.de/geolino/mensch/21144-rtkl-geruchsforschung-warum-jeder-mensch-anders-riecht-und-warum-wir-das
(Abruf mehrmals August 2021)

https://www.welt.de/kmpkt/article174280187/Hunde-koennen-sich-bildlich-vorstellen-was-sie-riechen.html
(Abruf mehrmals August 2021)

https://de.wikipedia.org/wiki/DNA-Phänotypisierung
(Abruf mehrmals August 2021)

https://de.wikipedia.org/wiki/Körpersprache#cite_note-1
(Abruf mehrmals August 2021)